环境艺术设计手绘表现技法

Environmental Art Design Hand-painted Techniquse

姚凯 许传侨 著

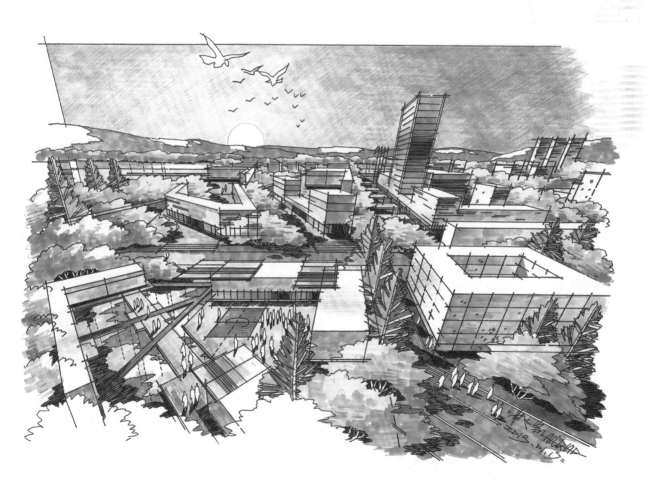

中国建材工业出版社

图书在版编目（CIP）数据

环境艺术设计手绘表现技法 / 姚凯，许传侨著 . --
北京 ：中国建材工业出版社，2019.11

ISBN 978-7-5160-2711-0

Ⅰ.①环… Ⅱ.①姚… Ⅲ.②许… Ⅲ.①环境设计—绘
画技法 Ⅳ.① TU-856

中国版本图书馆 CIP 数据核字 (2019) 第 240988 号

环境艺术设计手绘表现技法
Huanjing Yishu Sheji Shouhui Biaoxian Jifa
姚　凯　许传侨　著

出版发行：中国建材工业出版社
地　　址：北京市海淀区三里河路 1 号
邮政编码：100044
经　　销：全国各地新华书店
印　　刷：北京天恒嘉业印刷有限公司
开　　本：889mm×1194mm　1/16
印　　张：12.75
字　　数：300 千字
版　　次：2019 年 11 月第 1 版
印　　次：2019 年 11 月第 1 次
定　　价：78.00 元

本社网址：**www.jccbs.com**，微信公众号：**zgjcgycbs**
请选用正版图书，采购、销售盗版图书属违法行为
版权专有，盗版必究。本社法律顾问：北京天驰君泰律师事务所，张杰律师
举报信箱：**zhangjie@tiantailaw.com**　举报电话：(010) 68343948
本书如有印装质量问题，由我社市场营销部负责调换，联系电话：(010) 88386906

手绘是环境艺术设计专业的一项基础表现技法，是一种在二维空间上对自然事物进行描绘的艺术，扎实的绘画功底是提升人们观察、塑造和审美能力的基础，这样的基础是通过长时间学习积累所得的。对于设计者来说，绘画基础是一切设计美感的来源。在专业学习的过程中，手绘充当着非常重要的角色，它是创意思维快速表达的有效途径，或者说是一种基本方法。

手绘表现首先需要画面构图来支撑整幅画面的骨架，它是画面中重要的基础环节，选择适当的角度，合理安排画面中的比例、体块关系是先决条件；其次是形体上的把握，准确的造型能力使画面富有空间感和体量感，更真实地呈现出相应场景，体现出画面中的形式美感。在手绘表现过程中，应用颜色的对比关系及色彩的营造效果实现画面的整体氛围，如同给整幅画面注入了生命，更加丰富、更加真实，使画面产生强烈的视觉效果。一幅充满艺术感染力的手绘作品不仅需要相关要素的配

合，还需要学习者深厚的艺术修养和对艺术的全情投入，把基础实践训练与设计思维相结合，所以手绘对于设计者的审美修养和创意思维具有重要影响。

在经济高速发展、信息普及的今天，更多的新技术、新智能慢慢进入人们的学习、生活当中，人们可以更加快速、有效地完成专业范畴内的任务与内容。但是手绘从未被取代，手绘长久的生命力，源自于它本身的魅力。可以说，作为一个设计师，给他一支笔、一张纸，就可以勾勒整个世界，设计整个世界，走遍整个世界。手绘可以使设计师感受到绘画的幸福，回归最初的追求。手绘表达是创意思维相互碰撞、交织的过程，设计师以最佳的视角诠释设计，将自己瞬间的灵感抓住并表达出来，这是一种近乎完美的结合，这就是手绘的魅力。

目录
Contents

1

手绘的基本理念

◎ 设计手绘的基本概念

◎ 手绘表现基本原则

◎ 设计师如何运用手绘表达设计

1.1 手绘的基本概念

手绘表现技法是环境艺术设计专业的必备技能之一，主要用于设计方案的表达与设计效果的快速表现。通过本课程的学习，使学生更好地理解手绘的使用原理、认识手绘的色彩体系；通过实际操作，来掌握构成的思维方法、配色方法和表现方法，引导学生研究形态和色彩之间的关系；体现形态、色彩相互的适应性与共同的表现性，帮助学生分析和评价手绘色彩关系；并在掌握基本手绘表现规律的基础上，用构成语言创建新的形式与方法，从而提高形与色综合造型的创造能力、鉴赏能力和表现能力，为以后有针对性的专业设计作好准备。

1.1.1 设计为源，以绘为本

"设计为源"，手绘在整个设计活动过程中有着非常重要的作用，理应充分重视设计与手绘相结合的准则。作为手绘表现的创造者，绝对不可以只追求画面效果，忽视设计的本身。而是要确立整体的设计构思、设计内容，运用快速有效的表达方式创造空间环境，使环境与设计相协调，即手绘必须与设计相协调。

"以绘为本"，绘画是一种在二维空间上对自然事物进行描绘的艺术，扎实的绘画功底是提升人们观察塑造和审美能力的基础。这样的基础是通过长时间学习积累所得到的，对于设计者来说绘画基础是一切设计美感的来源。

1.1.2 系统与整体的设计观

手绘表现设计需要确定系统与整体的绘画观。这是因为手绘表现是由整体到细节、由前期到后期、由关系到深化的一个过程。我们必须把握整体的方向、结构及逻辑关系，紧密、有机地联系着各个方面。若整体意识薄弱，容易就画论画，使创作缺乏深度，没有内涵。

1.1.3 科学性与艺术性结合

手绘表现技法的另一基本理念是在创作绘画作品中高度重视科学性、艺术性及其相互的结合。在重视物质技术手段的同时，重视具有表现力和感染力的空间形象，创造具有视觉美感和文化内涵的绘画作品，使生活在现代社会的人们在精神上得到平衡，即将科学技术与情感问题有机结合。总之，手绘表现技法是科学性与艺术性、物质因素与精神因素的平衡和综合。科学性与艺术性是相互影响并紧密结合的。

1.1.4 时代感与文化感并重

手绘是时间的记录者，或是历史的一种载体。它可以从另一个角度反映当代社会物质生活与精神生活的关系。铭记时代的烙印，更需要强调自觉地在设计中体现时代精神，主动思考当代设计的需要，分析具有时代精神的价值观和审美观，积极采用当代物质和技术手段。社会的发展，不论是物质技术还是精神文化，都是有历史延续性的，追踪时代和尊重历史，就其社会发展的本质来讲是有机统一的。

1.2 手绘表现基本原则

形式美感的处理是手绘设计中建筑、室内及景观表现的共同之处。设计师的一项重要任务就是创造美——创造美的空间。形式美感的理论支撑源自于三大构成（平面、色彩、立体），它是人们进行审美标准评价原则的重要依据。

1.2.1 均衡与稳定

画面中的一切物体都具备均衡与稳定的条件。受这种条件的影响，我们在画面上也追求均衡与稳定的效果。均衡与稳定一般指空间设计中上下左右之间轻重关系的处理。在传统的概念中，上小下大、上轻下重、上细下粗、上浅下深、左右对称的布局与构图形式是达到稳定效果的常用方法。

完全对称的形式是达到均衡与稳定的一种方法，并且可以达到严肃端庄的空间效果。当然完全对称也有其自身的不足，其空间效果缺少变化、略显呆板。因此在手绘表现的过程中，不对称动态均衡的手法是较为常用的。

1.2.2 韵律与节奏

现实生活中，许多事物有规律、有秩序的重复出现与变化，常常激发了人们的美感。

在手绘表现中，韵律的表现形式多种多样，比较常用的有连续韵律、渐变韵律、起伏韵律与交错韵律。人们可以在空间、界面、物体等诸多方面感受到韵律的存在。虽然韵律的形式较多，但都能够体现一种共性，即具有明显的规律性、重复性与连续性，使画面既有变化又有秩序，它们产生的节奏感使画面达到节奏变化、层次丰富、多样统一的效果，是手绘表现中重要的形式法则。

一幅好的画面，就像一曲优美的旋律，此起彼伏。

1.2.3 重点与一般

在手绘画面中，各个组成部分的位置与重要性应该加以区分而不能统一对待。

在手绘表现的过程中，一幅画面是由各个部分共同组成的。其中各个组成的部分，在位置上、体量上、比例与尺度上都是有区分的，是有主从关系的。这里强调的重点与一般，实际上也是舍与得、加与减之间的关系。

一幅好的画面，不可以也不可能做到面面俱到。画面中视觉中心的部分，是主要强调的部分，是画面中的主要角色；画面周边的组成部分主要起到陪衬和辅助作用。

1.3 设计师如何运用手绘表达设计

1.3.1 手绘与设计表达的多样性

在数字化媒体被广泛运用的今天，设计的表达形式更趋于多样化，如何运用多元化的表达方式，更直观地展现设计理念，是当今社会的发展赋予设计师的新命题。设计表现形式可以简单概括为以下几点：

- 语言表现
- 3D 效果图
- 3D 模型
- 动画漫游
- 平面图、立面图、剖面图
- 三视图
- 手绘表现
- 数字多媒体表现
- 实体模型展示表现

1.3.2 手绘的使用

手绘表现图作为一种强大的视觉交流手段，是设计师对自我设计灵感的表达与记录，是设计师对于作品的主观表现与整合。手绘作为平时记录的工具，可以积累一些设计经验，也可以在推敲设计方案的过程中，随手勾画出一些草图，帮助自己思考。

现代的设计机构一般都以团队形式面对客户，团队成员之间的交流较为重要。主创设计师在与制图人员、施工人员对接交流的过程中，经常会直接用到手绘效果图来表现，因此只有双方都具备绘图识图的能力，才能进行有效的沟通。

随着计算机软件的提升、虚拟真实技术的发展，手绘逐渐被 3D 技术取代，但仍然有许多设计公司在给客户看方案的时候选择手绘效果图，因为手绘表现更具有艺术性与生动性，更能提升方案的品质。同时也有许多客户偏爱手绘，具备表现价值，所以手绘这一表现形式是不可能被取代的。

1.3.3 手绘实践——如何画好手绘

（1）观察与收集。阅读大量书籍、杂志，并收集绘图方面的参考书，观察好的绘图范例有助于扩大视野，提高眼界。

（2）模仿与创造性。在手绘效果图绘制的初级阶段，学习、模仿大师作品有助于提升手绘技巧，但这种临摹只存在于初学阶段，随着个人风格的逐渐形成，尝试着寻求不同的表现方法，最终拥有自己的风格与形式。

（3）借鉴优秀作品，积极与人交流。在阅读大量作品的同时也要提出问题和意见，从其他作品中找到自己需要提升的部分，并且虚心接受他人提出的意见或建议。

（4）自信与坚持。学习手绘的每一个阶段都是量变到质变的过程，因此，短暂的平静期是必经之路，不要气馁，重点是体现设计，自己的设计思路加上自己的绘画风格，坚持不懈，最终展现出优秀的作品。

（5）轻松愉悦的心态。在绘图的过程中要保持心情放松、愉悦，要轻松、大胆地绘制线条，不断摸索，将手绘赋予更多的个人兴趣，在绘图的过程中感受自我的专注与创作的激情。

（6）坚持将手绘作为设计师贯穿始终的技能。手绘充分将设计师的心、脑、手融为一体，是设计师表达理念、提升个人修养及专业技能的有效途径。一个优秀的设计师必然会将手绘这种表现形式贯穿设计生活的始终。

手绘表现造型元素

- ◎ 形（点、线、面、体）
- ◎ 色
- ◎ 质
- ◎ 光（黑、白、灰）

手绘表现的造型元素包括形、色、质、光等。在手绘表现中，这些元素作为统一整体的组成部分，相互影响、相互制约，彼此存在着紧密的关系。然而尽管如此，每一种造型元素仍其有相对独立的特征和相应的表现手法，熟练地掌握这些特征与表现手法，才能在手绘表达中做到灵活运用、游刃有余，从而创造出优秀的手绘作品。以下对形、色、质、光这四种基本造型元素进行具体分析。

2.1 形（点、线、面、体）

形是创造良好的视觉效果和空间形象的重要媒介，分为点、线、面、体四种基本形态。在现实空间中，一切可见的物体都是三维的，手绘是在二维的纸面上进行三维物体的表达。因此，通过把握这四种基本形态的特征和美学规律，能够帮助我们在手绘设计表达中有序地组织各种造型元素，创造较好的手绘空间形象。

2.1.1 点

一个点在空间中标明的位置，在概念上是没有具体尺度的，因此，它是静态的、无方向的。作为形态的原始出发点，它可以确定一条线的起点与终点，并标明线与线之间的交点、距离等。作为一种可见的形状，点最为常见的形式是以圆点出现。在手绘表现中，点更多的是以成组的形式出现，来表现材质、烘托气氛，有比例关系，有构成感受。

在手绘表现中，较小的物体都可以视为点。例如室内空间中一处电视背景墙中的电视即可视为点，又如景观空间中广场上的雕塑也可视为点。尽管点的体量关系较小，但它在空间表达中的作用却非常重要。点在空间环境中起到的重要作用是集中视线或明确位置，形、色、质与背景不同或带有动感的点，都能够引人注目。

2.1.2 线

线，具有表达运动、方向和生长的特性。线是手绘中最为基础的组成元素，也是构成画面的最为重要的元素之一。流畅肯定的线条会成为画面中的亮点，同样也是每个初学者学习手绘的必经之路。尤其在表达效果图的过程中，线条在构建框架上起到了重要作用。不管处于手绘的任何阶段，线条的练习都是必不可少的。

线稿表现基础是从线条的学习到织物、单体陈设、组合陈设等的训练，是学习手绘不可缺少的重要组成部分。通过这些基础的训练能够让初学者快速掌握手绘表现的基本要点，并快速达到手绘草图的基本入门要求。

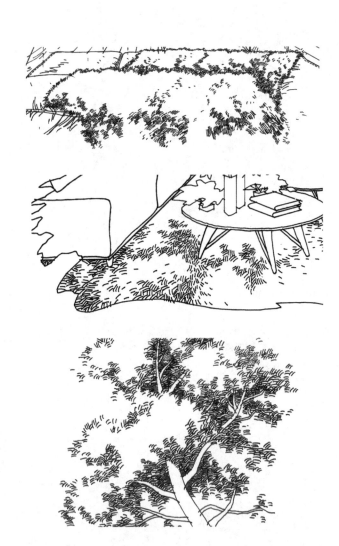

线是手绘表现中重要的组成部分。线的练习，是手绘表达的基础性学习，准确、工整、快速的线条是每个初学者应该掌握的技能。线条依靠一定的组织排列，通过长短、粗细、疏密、曲直等来表现。一般来说，线描的表现分为尺规和徒手两种画法。借助于绘图钢笔和直尺工具来表现的线条画出来比较规范，可以弥补徒手绘图的不工整，但有时也不免显得有些呆板，缺乏个性。曲线用以表现不同弧度大小的圆弧线、圆形等，在表现时应讲究流畅性和对称性。

2.1.2.1 线的练习方法与技巧

（1）线条要连贯，切忌犹豫和停顿。

（2）切忌来回重复表达一条线。

（3）下笔要肯定，切忌收笔有回笔。

（4）出现断线，切忌在原基础上重复起步，要间隔一定距离后继续表达。

（5）表现切忌乱排，要根据透视规律或者平行与垂直表达。

（6）画图的时候注意交叉点的画法，线与线之间应该相交，并且延长，这样交点处就有厚重感，在画的过程中线条有的地方要留白、断开。

（7）画各种物体应该先了解它的特性，是坚硬的还是柔软的，便于选择用何种线条去表达。

坐姿对于练习手绘来说至关重要，保持一个良好的坐姿和握笔习惯，对提高手绘的效率很有帮助。一般来说，人的视线应该尽量与台面保持一个垂直的状态，以手臂带动手腕用力。

线条的训练要注意对力度的控制，力度的控制并不是将笔使劲往纸上按，而是指能感觉到笔尖在纸上的力度。手要掌握自如，欲轻欲重，都要做到随心而动，不要故意抖动或进行其他矫揉造作的笔法。

第一阶段的练习应该是比较轻松愉快的，没有任何要求，线条随意，只要多画，画到能自如控制线条，能自由掌握起笔、收笔的"势"，也就是平时常说的线条比较"老练"了，即达到要求。

怎样才能把线条画得有感觉？画时要胸有成竹、落笔肯定，不要犹豫。注意起笔、落笔的"势"，既不要僵硬，也不要飘忽不定。

运笔速度要有控制，快慢得当。快的线条较直，适合表达简洁流畅的形体；慢的线条较为抖动，适合表达平稳而厚重的物体。

运笔时力度的细微变化是整体表现的重点，关键在于起笔、行笔、收笔，这样画出来的线条富有张力，自然、流畅、规整、简洁。

与直尺绘制的线条相比，徒手更洒脱和随意，能更好地表达创意的灵动和艺术情感，但画不好也会感觉凌乱。因此，线是有情感和性格的，不同的笔绘出的线具有不同的个性特点。

2.1.2.2 线的类型

线的类型是多样性的，在手绘表现中，不同的空间、物体、材质等，需要不同的线型进行表达。线条主要包括直线（快线、慢线）、曲线和折断线。直线用以表现水平线、垂直线和斜线等不同线条。

1. 快线

特点：快速、均匀、硬朗，多表达坚硬的材质。

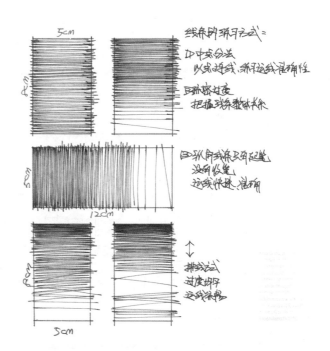

快线讲究的是运笔的方式，首先是保持平直的效果，其次是下笔流畅、肯定，切勿拖沓犹豫。运笔又分为三个阶段：起笔，运笔，收笔。起笔和收笔一定要稳，运笔要快，最后达到两头重、中间轻。斜线也应由短到长地练习，掌握表现不同角度的倾斜线以准确表现透视线的变化。初学者在掌握基本要领后应进行针对性的训练。

线条自身的轻重变化对画面的空间关系也起到了很重要的调节作用，这样的线条在表现上极具艺术感染力。快线的灵活运用会让一个手绘者、设计师对线条的认识更加透彻，但不能一味追求快线的"潇洒"，而忽视了线条的准确性。

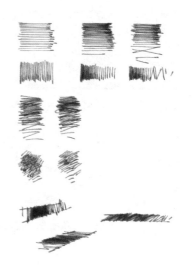

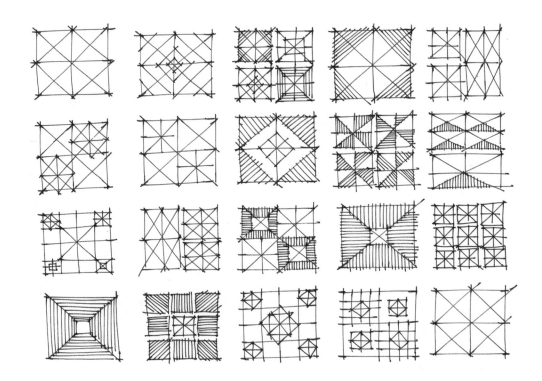

2. 慢线 / 抖线

特点：平稳、力量感较强，能够准确表达物体结构。

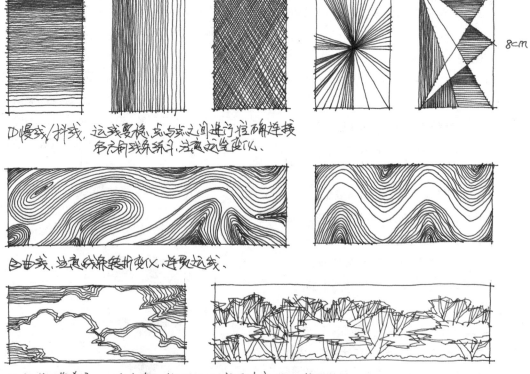

慢线又称抖线，在运线过程中，需要把握用笔力度，平稳地运笔。在建筑表现及室内与景观中刻画空间结构时应用较多。

慢线是练习手部稳定能力的一种技法，并不像快线那样运线肯定，线条表现略有起伏，运线速度较慢，更接近于抖线的一种，但是在线的整体运行方向上不能有大的偏差。在比较复杂的运线上，为了防止达不到预期的表现效果，可以选择用慢线来处理。由于慢线在轻重上并无变化，所以也会表现于物体的投影中。

3. 曲线

特点：缓慢、随意，多用来表达植物、布艺、花艺等。

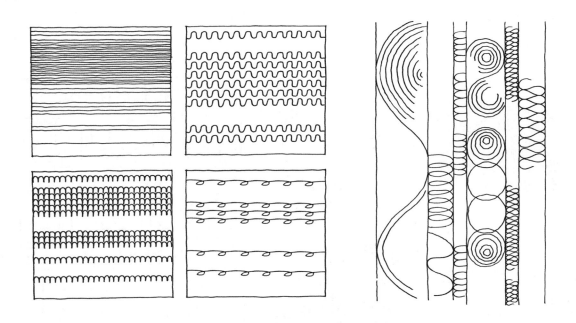

　　手绘表现中曲线的运用是整个表现过程中十分活跃的因素。在运用曲线时，一定要强调曲线的弹性、张力。画曲线时，用笔一定要果断、有力、一气呵成，不能出现所谓的"描"的现象。

　　曲线是手绘表现中一个重要的环节。曲线运线难度比直线更高，弧度是否流畅，取决于对笔的控制和把握。曲线常用于材质、纹理、创意造型的细节刻画上。弧度较为复杂的曲线可以用断线的方式去表现，只要保证整条线段的流畅即可。

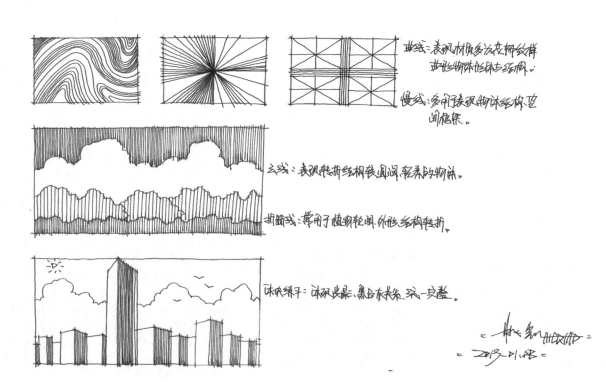

4.折断线

特点：节奏变化较强、有力量、多变化，多表达植物枝干、木质材质等。

折断线多用于植物的刻画，以区分不同形态、不同种类的植物，即对植物外轮廓概括的一种表现技法，突出植物的生长规律和生动多变。此外，折断线对于材质的刻画处理也较为多用。运笔时应注意节奏的变化，抑扬顿挫，使刻画物体有层次感、丰富感。

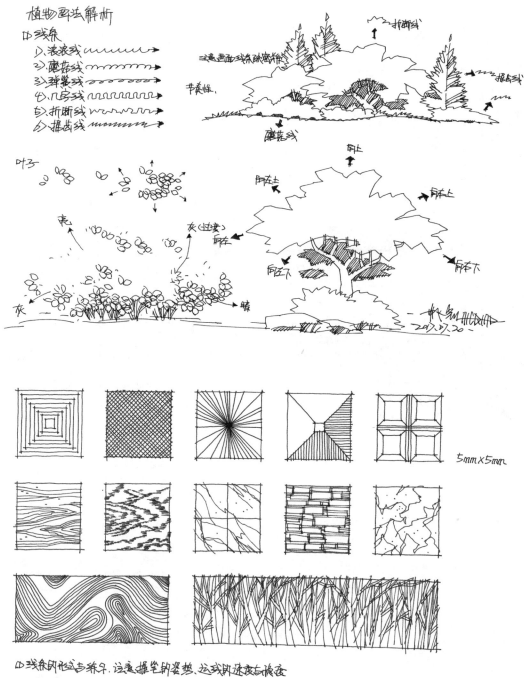

2.1.3 面

　　一条线在自身方向之外平移时，界定出一个面，在概念上面是二维的，有长度与宽度。面最基本的属性是它的形态，形态由面的边缘轮廓线描绘出来。面在手绘表现中具有十分重要的作用。在空间表达中，面分为顶界面、侧界面与底界面，不同位置、方向、形态的面进行组合，使其空间表现丰富多彩，形成连续、流动的空间效果。

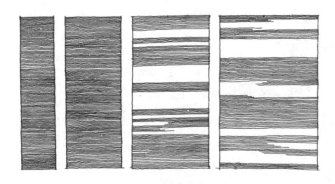

2.1.4 体

　　体，是点、线、面构成后的综合体，有结构、有体积地存在于空间中。例如方体由8个点、12条线、6个面共同组成。

　　点成线，线成面，线条虽然作为手绘的重要基础，但是最后也要以面、以体块的形式存在于画面中。无论是在室内、景观或建筑表现中，都需要物体通过体块之间的穿插、遮挡等实现对空间物体的造型，所以各种各样的体块练习就显得尤为重要。

　　体既可以是实体（即实心体量），也可以是虚体（由点线面所围合的空间）。体的这种双重性也反映出空间与实体的辩证关系。体能够限定出空间的尺寸大小、尺度关系、颜色和质地，空间也预示着各种体。这种体与空间的共生关系可以在空间设计的几个尺度层次中反映出来。

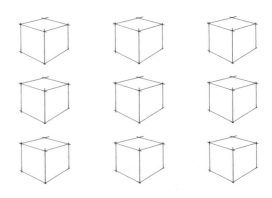

1. 不同角度的体块变化

　　当体块在空间中表现时就会涉及透视。物体在空间内不同角度、不用位置所产生的视角效果不同，在有限的空间内，物体会呈现出近大远小、近实远虚、近暖远冷等特点，而简单的体块正是认识和学习透视快速、有效的方法。

　　一点透视：灭点只有一个，其特点为"横平竖直，消失一点"。

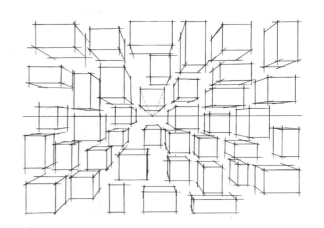

　　两点透视：灭点有两个，消失于同一水平线上，物体成角出现。

　　注：在进行体块练习的过程中，一定要注意体块在所处的位置中的面的体现。

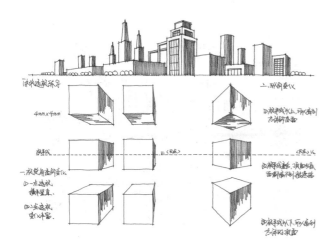

点、线、面、体的综合训练

2. 体块向实际物体过渡

在实际空间中，所有的物体都可以简化为形体结构。这个过程使我们更加直观、准确地了解物体结构，便于对物体进行准确的刻画。

以方体为例，我们可以对其做加减法的练习。在形体结构、比例、大小准确的情况下，可以得到一个单体沙发。实际上在绘画过程中，这是一个反复推敲的过程，由体块得到物体，或者由物体反推体块，反复练习，能够使我们准确地抓到物体结构形态与转折、穿插关系。

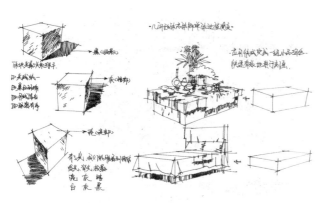

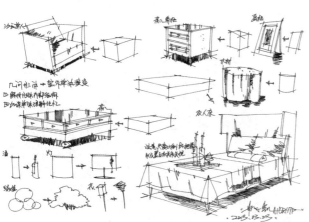

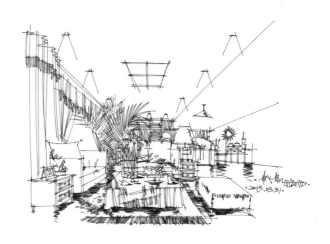

2.2 色

色彩的视觉效果非常直接，被广泛应用于各个方面。手绘表现技法也离不开色彩，色彩是手绘表现中非常重要的组成部分。手绘中的色彩应用主要体现在上色阶段。色彩有其完整的物理属性：色相、纯度、明度。同时，色彩拥有着独特的情感属性。

由于手绘表现的专业特点，色彩与光影、材质、环境都有着非常紧密的联系。运用与掌握色彩的过程，实际上也是设计的过程。较好地理解色彩关系，掌握色彩规律，是学习手绘非常重要的阶段，下面将详细剖析色彩应用知识。

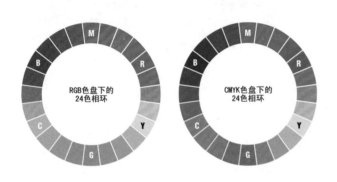

2.2.1 相关概念

（1）色相。是指能够比较明确的表示某种颜色色别的名称，也指在画面中的颜色倾向。

（2）纯度。是指色彩的饱和程度，表示色彩中所含有色成分的比重。

（3）明度。主要是色彩的明亮程度，主要说明画面中黑、白、灰的关系。

（4）色彩的心理感受。在绘画过程中，色彩能够传达丰富的情感。人们试图总结不同颜色的情感属性，并结合不同的表现内容进行联想，赋予其不同的心理感受。

（5）色彩的对比。色相对比、明度对比、纯度对比、冷暖对比、面积对比。

（6）色彩的情感。色彩的冷暖感、轻重感、软硬感。

2.2.2　色彩在手绘中的应用

2.2.2.1 关系色

关系色中包括单色相与临近色。

单色相是只选择一种适当的色相使画面整体上有较为统一、明确的色彩效果，同时充分发挥明度与纯度的变化作用，相互配合，把握好统一而适度的色调，这样能够创作出鲜明的色彩氛围。

邻近色在手绘表现中的应用较为广泛。邻近色的应用产生出的视觉效果，给人以稳中求变、层次丰富的画面感受。在色相环中，凡是在 60° 之间的色彩，皆为邻近色的效果。临近色的色彩组成可以达到色彩之间的暧昧效果，从理论角度来讲，两个颜色之间的色彩都称为临近色。

2.2.2.2 互补色

互补色在手绘表现中的应用也较为广泛。互补色是指色相环中正好相对的两种颜色。如果希望凸显某些色彩使其更加明显，使用互补色是较为有效的方法之一。在绘画过程中，互补色的应用方法，在画面物体中的位置、面积、比例上都有着一定规律。

2.2.2.3 环境色

物体固有颜色受周围环境与光的影响必然产生环境色。初学者对手绘表现认识较浅，往往会忽略环境色的存在。在表现物体固有颜色的基础之上，对环境色要有准确的认识，不要忽略周围环境带来的色彩变化。环境色的存在和变化，丰富了画面中的色彩使画面中的色彩有了相互联系。因此，运用和掌握环境色在手绘表现中至关重要。

由于白色和黑色不是真正的颜色，因而这两种颜色主要用来表示明暗。白色和黑色呈现出最强烈的对比。

邻近色是指色相环中最相近的三种颜色，如图所示。邻近色的搭配会给人舒适、自然的视觉感受，在手绘表现中运用最广泛。

互补色是指色相环中正好相对的两种颜色，如图所示。如果希望凸显某些色彩，使其更加鲜明，使用互补色是个好方法。使用时也可以调整一下补色的明亮度，表现不同的效果。

2.3 质

质指的是质感，是在视觉、触觉、感知心理的共同作用下，人对材料所产生的一种主观感受。质感包括两个方面的内容：一是材料本身的结构表现和加工纹理；二是人对材料的感知。材质的具体描绘应从形体、色泽、纹理、工艺等方面表现。不同材质的表面吸光、反射都有所差别，对光的反射处理是能否生动、形象地描绘材质的本质。

用于空间表现的材质基本分为木材、石材、砖材、玻璃、金属等。常用木材有红木、水曲柳；石材常为大理石、玉石等；砖材常为红砖、马赛克砖；玻璃分为普通平板玻璃、喷砂玻璃、彩绘玻璃等。

2.3.1 石材

在手绘表现设计当中，石材的应用是较为广泛的。手绘能够将石材本身所具有的色彩、纹理样式、质感表现出来。通过掌握石材本身所具有的物理属性，再对其加强倒影细节的处理，可以塑造出立体感。在这里将石材分为两大类进行手绘处理：一类是表面光滑、有光泽；另一类是表面粗糙、有颗粒。在处理表面光泽的石材时，应用快速的手绘表现形式给予肯定，反之带有颗粒的石材在表现时应粗旷、富有张力，线条流畅。手绘当中的石材应用一般为文化石、马赛克、大理石等。

2.3.2 木材

手绘装饰设计中，木质材料主要分为天然木材和人造板材。在对其进行手绘表现时，应结合木质材料的自然纹理及装饰纹样加以处理。木质材料本身色彩温暖柔和，富有亲和力。

2.3.3 金属

金属材质在手绘表现中表达着不同的设计风格，钢材较为奢华绚丽，铁则质朴苍劲。钢、不锈钢和铝，因其表面光滑，能够较强地反射其周围环境，进而塑造了一定的空间违和感。因此，在手绘表现时要把握其特殊性，运用点、线、面的绘画方法来处理光感与质感。

2.3.4 玻璃

玻璃作为装饰性材料，已被广泛地应用于装饰设计当中。在手绘表现设计时，不仅要借助玻璃本身的色彩、光泽度及装饰刻画等方法，还要提高对玻璃映射的周边环境细节的处理。

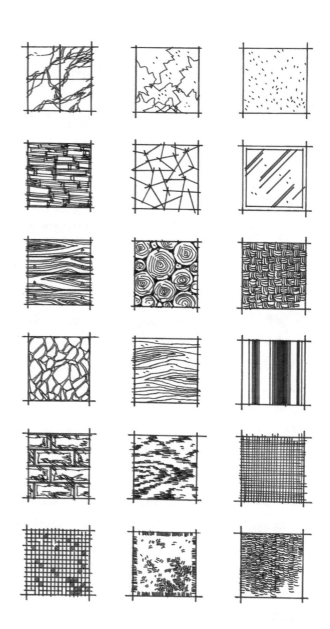

2.4 光

如果没有光，这个世界将是一片漆黑，可以说有了光，物体才有了受光面、背光面和投影，空间与画面才会形成完整的光影关系。光影关系是画面中不可缺少的重要元素，同时也是黑、白、灰关系的载体。所以光影关系的刻画能够决定一幅画面的空间进深感和时间性，是画面表达的重要组成部分。

在人们生活的环境中，光是空间色彩存在的前提，有了光才让人们感知到了身边的事物。物体在光的照射下，有了高光、亮面、暗面及投影，这种明暗关系丰富了整个画面。光影相随，光线与阴影是整合空间的重要元素，如果没有光影，空间就失去了生机。处理好光与影的关系，能够使空间变得明亮、生动。

在表现画面效果时，光往往容易被忽略。室内与室外的光来源不同，分析应从不同角度出发。室内光的来源很多，建立空间时，首先应该考虑整体的环境效果，之后再考虑个别点光源。在封闭的室内空间中，灯光是主要的光线来源；在有窗户的室内空间中，则要考虑自然光的射入。室外的光线主要受到天气与时间的影响。在阳光明媚的正午，光线比较刺眼，物体的明暗对比比较强烈；阴天时，物体的明暗变化比较弱。

有时我们无法确切地画出光线，而阴影是表达光线的最好方法。通过描绘物体的阴影，不仅强化了物体在空间中的位置，并大大增强物体的立体感。阴影受光的色彩影响，会呈现出不同的冷暖色调，空间的色彩也随之变化。光线的位置和性质（自然光或人造光），决定了物体受光后所形成的阴影是强烈的还是柔和的。

不同物体的质感，可以通过该物体的受光状态来表现。光与阴影的明暗变化，诠释了物体是坚硬的还是柔软的，是光滑的还是粗糙的。不同材质的物体对光的吸收和反射是不一样的，如光滑的瓷砖地面，亦或是晶莹剔透的玻璃，都会产生强烈的反光。合理地留出高光与反光的位置，与阴影形成强烈对比，为空间的表现增添了少许情趣，使原本枯燥的画面充满生机。

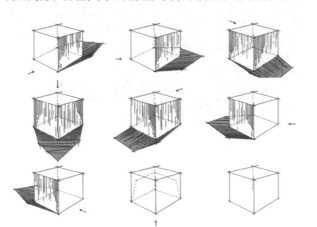

光大体分为自然光源与人造光源。

（1）自然光源的时效性较为明显。画面表达中，不同时间、不同季节的自然光源环境、光的颜色和光影的方向、长度都有所不同。

清晨的光源环境色为绿色，光影较长。正午的光源环境色为蓝色，光影较短。黄昏的光源环境色为紫色，环境光源的颜色变化较为丰富，光影较长。

（2）人造光源在室内较为常用，主要分为主体光源与辅助光源。主体光源主要包括吸顶灯、吊灯等泛光灯。辅助光源包括筒灯、射灯、追光灯、轨道灯。

根据环境的不同，灯源的色温亮度及方向也有所不同。

影在空间中的刻画也尤为重要，跟光源的强度方向不同、物体的形状大小不同，影子的虚实形状也有所区别。

家具中沙发的影子比较规整。

景观中植物的影子比较灵动，变化较多。

建筑中的光影能够比较直观地体现出建筑体块的穿插关系和结构关系。

光影在建筑中的表达,随着时间的变化而改变。

光影同时可以较好地体现材质的特点,反光、倒影、光滑及粗糙都可以通过光影的再塑造展现出更好的视觉效果。

建筑中光影关系的刻画可以说明其建筑结构的前后、穿插等关系。

　　室内光源主要以人造光源为主，其光源方向大多为垂直照射，所以光影变化是自上而下的由亮到暗、由浅入深。光源的冷暖不同也决定了空间场景的环境光源。在表现过程中，要注意将光源位置留白，充分刻画周边环境来衬托光源，最后用较浅的色彩对光源进行修饰，以达到较为真实的效果。

3

设计手绘应用基础

◎ 线稿空间透视

◎ 上色步骤解析

3.1 线稿空间透视

透视，对于设计师和手绘爱好者来讲，是一门必须要掌握的基础性知识。透视知识作为效果图线稿表现的理论依据，可以较为精准地表达图中的空间与物体，使图中的空间尺度比例控制在较为精确的范畴内。

通俗地讲，设计师在表现手绘效果图时，实际上是根据不同的空间特点，选择不同的透视，以最佳的视角诠释设计。就像摄影师拍照一样，透视角度的不同决定了画面的横向变化，视高高度的不同决定了画面的纵向变化。

下面我们首先了解一下透视基础知识的构成要素。

视平线：与画者眼睛平行的水平线。

地平线：与地面平行的水平线。

视高：视平线与地平线之间的垂直高度。

视觉中心：画面的中心对焦的部分。

视点：画者眼睛的位置，视点决定视平面。

视距：视点与视觉中心之间的垂直距离。

消点：与画面不平行的线段逐渐向远方延伸，最后消失在一个点。

测点：求透视图中物体尺度的测量点。

原线：没有经过透视变化的线。

变线：经过透视变化的线。

测高法：视平线以下的地面上，任意一点向视平线做垂线，其得到的高度为视高高度。我们可以根据测高法，对画面物体高度及宽度进行相对准确的测量，达到手绘效果图表现快速、有效、准确的目的。

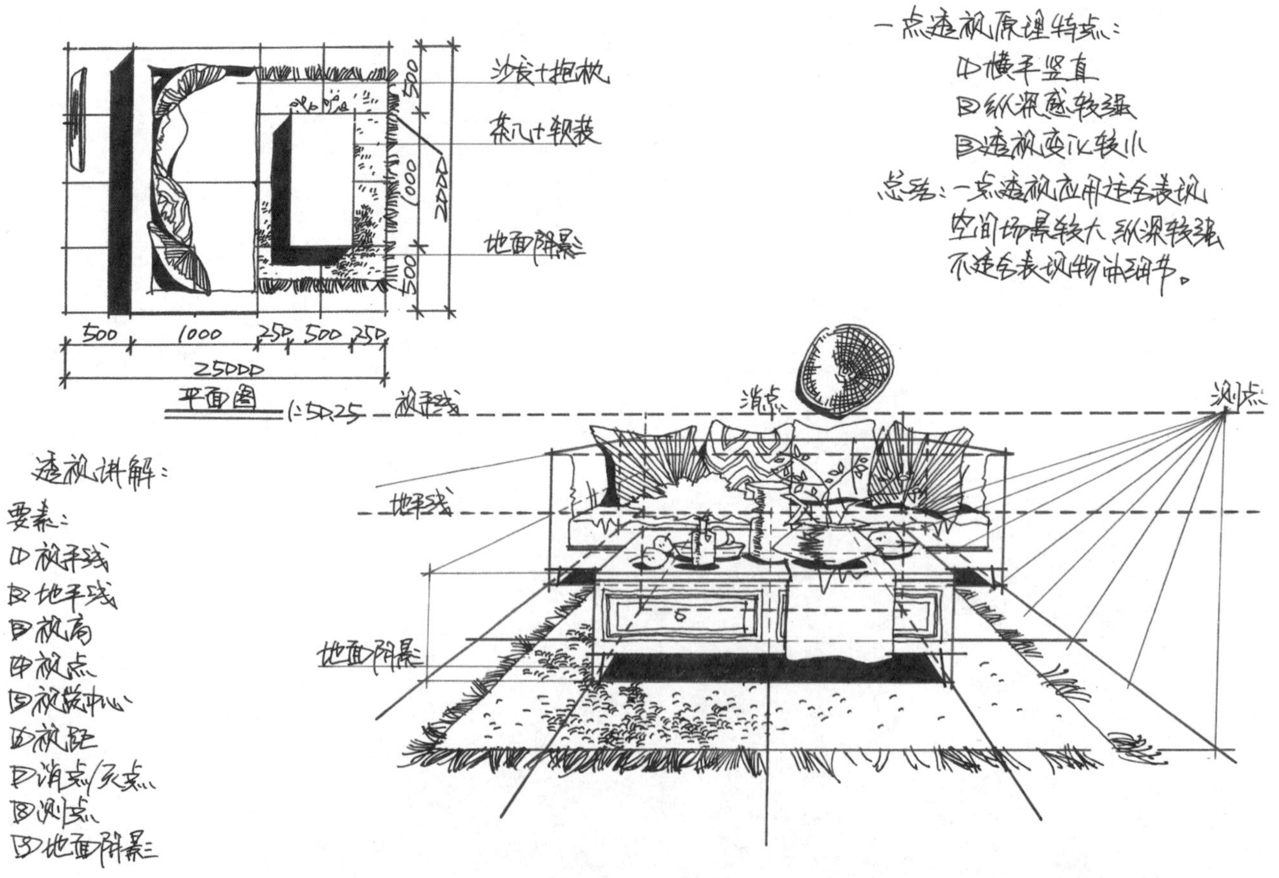

3.1.1 一点透视详解与步骤

（1）透视原理：近大远小，近实远虚，近高远低。

（2）定义：当物体的一个主要面平行于画面，其他的面垂直于画面，斜线消失在一个点上，所形成的透视称为一点透视。

（3）优点：应用较多、容易掌握、庄严稳重，画面的比例关系变形较小、空间纵深感受较强，较为适合表现大场景。

（4）缺点：透视画面容易呆板，形成对称构图不够活泼。

（5）注意事项：一点透视的消失点在视频线上稍稍偏移画面1/3～1/4为宜，在室内效果图表现中，视平线高度／位置约在整个画面的1/3处。

案例1

步骤一　首先对照空间注意画面的构图，确定是一点透视的空间，明确视平线的高度，确定消失点在画面左右的位置，然后在视平线上找到消失点，确定内框的大小和位置。将空间中墙面、天花、地面及家具陈设等物品，整体概括为几个体块关系，明确其大小比例及位置。

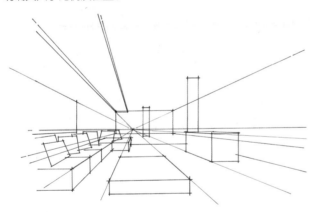

步骤二　根据画面中视觉中心的位置，由内向外、由中心向四周边缘，进行主次关系的深化。在深化的过程中去除多余的辅助线，深入刻画墙面和天花，着重刻画家具陈设等物品，此步骤注意表现物体比例的准确性和物体不同材质的刻画。

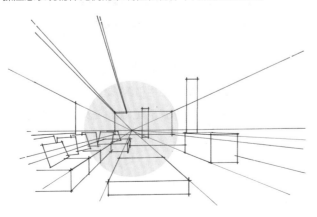

步骤三　将画面中的绿植和陈设物体的投影逐步刻画，增强空间的体块关系、光影关系及空间性质的表达。

案例2

步骤一　确定画面中墙体的透视线，确定家具的位置、高度和结构，概括表现远景墙面相关物件。

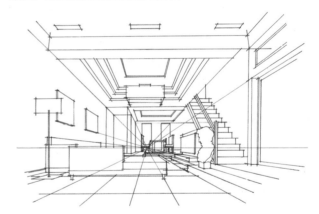

步骤二　根据画面视觉中心深入刻画，需要把相关家具结构刻画出来，交代地毯和沙发组合的材质，丰富画面细节。

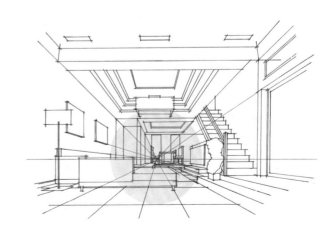

步骤三 整体协调画面，加强画面空间层次、光影关系及虚实关系。

3.1.2 一点倾斜透视详解与步骤

（1）透视原理：近大远小，近实远虚，近高远低。

（2）定义：当透视基面向侧点变化消失，画面当中除消失点外还有一个消失点。所有垂直线与画面垂直，水平线向侧点消失，纵向线向画面内消点消失，所形成的透视称为一点倾斜透视。

（3）优点：既能保留较好的空间纵深感，又能使画面灵活多变。

（4）缺点：透视画面不好掌握，在构图与角度上需要做好充分预判。

（5）注意事项：一点倾斜透视的消失点，画面内一点在视平线上稍稍偏移画面 1/4 ~ 1/5 为宜，画面外一点距离画面越远，透视角度越平缓，效果越真实。在效果图表现中，视平线约在整个画面的 1/3 处。

案例

步骤一 根据画面空间特点确定出视平线高度，以及画面内消失点与画面外消失点的位置。掌握好两点之间的距离，在此基础上确定物体位置与大小。

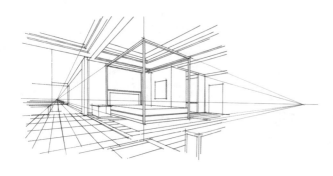

步骤二 进一步深入画面，根据画面需要，将物体结构与材质细致刻画，同时添加相关配景。

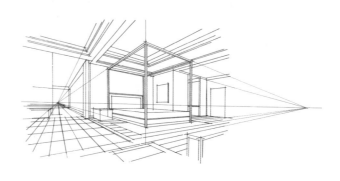

步骤三 整体调整画面，丰富画面空间层次，适当交代物体阴影，把握好画面主次关系、疏密关系。

3.1.3 两点透视详解与步骤

（1）透视原理：近大远小，近实远虚，近高远低。

（2）定义：当物体只有垂直线与画面平行，而另外两组水平线均与画面斜交，形成两个消失点时形成的透视，称为两点透视。

（3）优点：画面灵活多变，适合表现丰富复杂的场景。

（4）缺点：场景纵深感较弱，角度掌握不好会有一定的变形。

（5）注意事项：两点透视也称为角透视，运用范围比较普遍，因为有两个消失点，运用和掌握起来比较困难。应注意两点消失在平行线上，消失点不宜太近，在效果图中视平线约在整个画面的 1/3 处。

案例1

步骤一　表达建筑空间场景时，把握好两个消失点之间的距离，使画面富有张力。在此基础上，将建筑各部分以体块关系进行刻画。

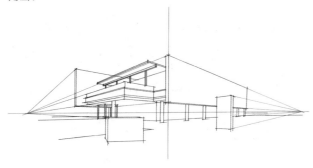

步骤二　视觉中心控制在画面中心偏左 1/4 左右，同时逐步添加植物配景，进行深入刻画。

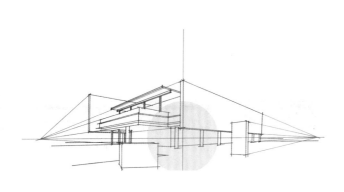

步骤三　把握画面整体效果，明确主次关系，增强空间的体块关系和空间表达。

案例2

步骤一　确定两点透视，建立方体透视关系，勾勒出建筑体块基本透视线。

步骤二　刻画建筑主体，交代结构关系，丰富画面远景，刻画配景植物。

步骤三　丰富画面近景、中景，进一步完善建筑结构，深入建筑内部细节，完善构图。

3.1.4 多点透视详解与步骤

（1）透视原理：近大远小，近实远虚，近高远低。

（2）定义：当物体垂直线纵向消失于一点，而另外多组水平线均与画面斜交，形成多个消失点时形成的透视，称为多点透视。

（3）优点：画面空间纵深感极强，物体变化灵活、丰富，适合表现丰富复杂、空间较大的场景。

（4）缺点：画面中涉及透视较多，容易出现错误，对消失点的位置、相互之间的距离、角度掌握不好，会出现一定的变形。

（5）注意事项：多点透视实际上是多种透视整合形成的画面。其中涵盖了一点、一点倾斜、两点、三点等多种透视。需要注意的是，无论有多少个消失点，其点都置于一条视平线上。俯视图视平线的高度根据视高高度而定，一般位于整个画面靠上的 1/4 左右位置。

案例

步骤一　确定视平线高度及各个消失点所在位置，将画面物体以体块的形式表现出来，明确主次关系，完善构图。

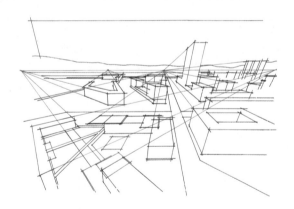

步骤二　以视觉中心为原点，丰富画面近、中、远景，进一步完善建筑结构，添加植物等配景。

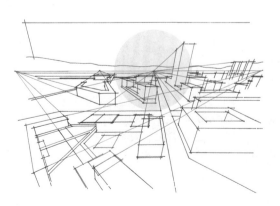

步骤三　深入刻画材质，加入光影关系。在把握画面整体效果的基础上，深入细节，完善画面，增强对比。

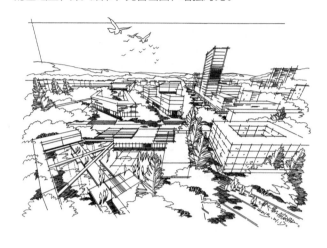

3.2　上色步骤解析

马克笔是专业手绘的常用绘画工具，是一种简洁、快速的渲染工具。它色彩鲜亮透明，可多次叠加，干得快，使用方便且颜色可预知。对于设计创意构思时，马克笔可以快速表现出基本的效果，但同时它属于一种一次成形的作画工具，初学者难于下手。设计者们需要掌握马克笔的各种技巧，才能使作品更好地呈现出来。

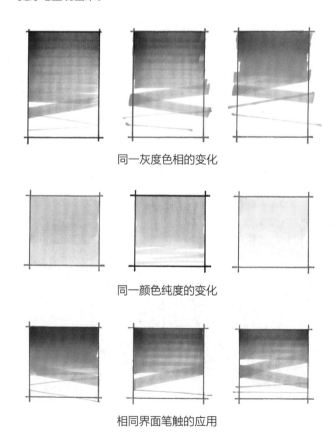

同一灰度色相的变化

同一颜色纯度的变化

相同界面笔触的应用

色彩能够体现画面的颜色基调、物体材质及整体空间感受等。如果线稿是手绘效果图的骨架部分，那么上色就是其肉体部分。上色是手绘表现中的重要组成部分，需要进行系统的学习来达到较好的表现效果。下面让我们来了解一下效果图基本上色步骤：

（1）铺大色。确定画面的色彩基调，建立基础的光影关系。由于马克笔本身的属性（不可覆盖性），所以要用由浅入深、由轻到重的方式进行刻画。

（2）进行逐步深化。主要刻画空间与物体的暗面与投影，加强对比，把握整体关系。

（3）进行局部刻画。将画面中物体的材质细致刻画，强调结构变化，加强光影关系。

（4）收尾阶段。在画面进行深入刻画之后，再次把握画面整体关系，统筹画面，并最终完成整幅作品。

3.2.1 家具部分

对家具部分进行上色，材质多样、构成复杂，需要注意其结构、质感、光影的刻画，巧妙运用色彩，能够使作品增加光彩，给人留下深刻的印象。

3.2.2 植物部分

对植物部分进行上色，首先，注意其颜色搭配取决于植物本身的固有色及季节性；其次，在上色的过程中，注意光影关系的统一，运笔放松，铺色不宜过厚。

进行刻画时注意每一个部分的虚实过渡变化，乔木与灌木是空间感的重要体现部分，可以由远到近、由浅入深地进行刻画，结合画面场景氛围和画面需要综合考虑，灵活处理。

3.2.3 山石部分

考虑山石的特征及整体关系，选择空间中的视觉中心，做到心中有数，为马克笔上色做好充分准备。运用灵活多变的笔触，将山石的体块关系表现出来，同时需要注意物体之间不同质感的表现。

3.2.4 水的部分

　　水的刻画难度相对较大，水本身有着无形、无色、透明的特点，需要依靠周边环境的刻画来衬托水的质感。同时，对于水动、静体态的刻画也要恰到好处。

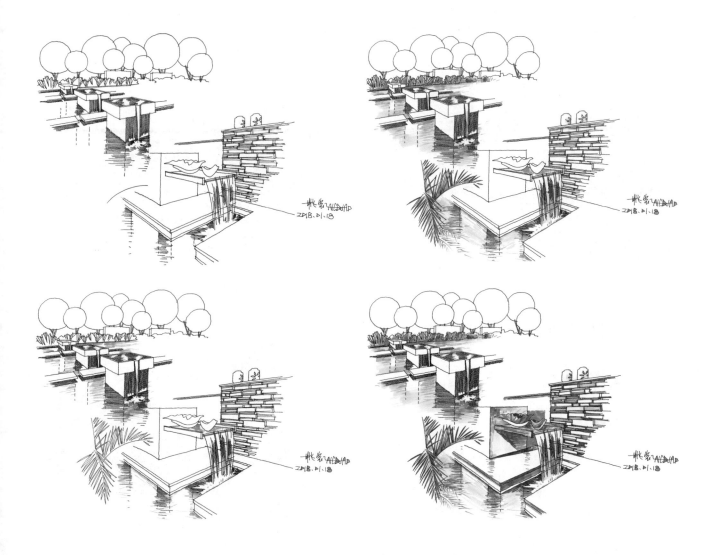

3.2.5 室内空间部分

1. 居住空间上色步骤解析

步骤一　确立整体色彩关系，结合空间特点把握整体色彩感受，做到心中有数，为彩铅着色做好准备。

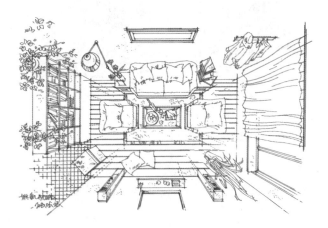

步骤二　运用较为均匀的笔触进行彩铅着色，控制好色彩薄厚，为马克笔上色做好铺垫。

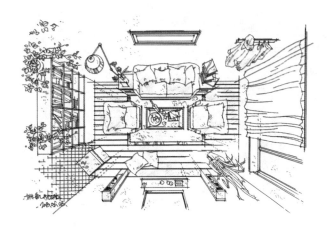

步骤三　将画面视觉中心部分进行充分上色，同时强调光影关系，使画面富有层次感受。

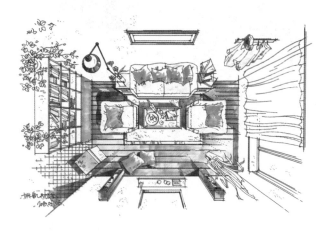

步骤四　调整画面平衡度与疏密关系，注意环境色的应用，深入刻画细节，完善画面关系。

2. LOFT 空间上色步骤解析

步骤一　结合 LOFT 空间特点，将空间界面材质和家具、陈设等材质进行色彩预判。

步骤二　将主体颜色进行着色，需要注意，色彩是统一、完整地出现在画面之中，切勿单一、孤立地进行绘画。

步骤三　逐步将部分界面材质、植物配景等进行刻画，把握好色彩之间的关系。

步骤四　加强画面对比关系，强调光影、明确主次，对材质、结构等进行深入刻画，并最终完成画面。

3. 商业空间上色步骤解析

步骤一　首先把握好空间整体氛围，确定光影关系、颜色基调。

步骤二　运用浅色马克笔将空间整体着色，要注意空间材质等基本特点与光影关系的整体性。

步骤三　把握画面视觉中心，逐步深化，将界面、家具、陈设等材质进行细致刻画。

步骤四　丰富画面，深化画面环境色，加强色彩之间的相互联系。

步骤五　运用浅色马克笔将空间整体着色，要注意空间材质等基本特点与光影关系的整体性。

4. 书吧空间上色步骤解析

步骤一　结合空间属性，确定画面色彩，意在营造舒适、放松的空间感受。

步骤二　由浅入深、有主到次进行马克笔着色。

步骤三　进一步刻化画面细节，突出光影关系，深化材质感受。

步骤四　强调画面空间感及色彩关系，重点突出空间关系、材质关系、光影关系等。

5. 办公空间上色步骤解析

步骤一   办公空间的表现首先要对整体空间有准确的定位。确定画面中的光源、材质、环境氛围等。

步骤二   整体空间着色，建立较为明确的光影关系，确立画面黑白灰面积比重。

步骤三   在此基础上，色彩关系进一步表达，逐步深化细节，刻画材质。

步骤四   画面收笔阶段，要时刻把握画面的空间氛围和环境感受，以及整体与细节之间的关系处理。

6. 酒店大堂上色步骤解析

步骤一   酒店大堂的空间整体感受是金碧辉煌，如何体现其价值感受，需要我们对光影、材质做好充分考虑。

步骤二   上色过程中，把握好马克笔与彩铅相结合的表现方法，整体着色，使画面关系协调统一。

步骤三　深入刻画材质，把握好材质特点，酒店大堂的大理石材质应用较多，需要对其色彩、纹理等做充分表现。由于其材质反光性较强，所以应完善灯光及环境色的处理。

步骤四　强调画面对比关系，将画面明暗、虚实、主次等关系整体深入。

步骤五　协调画面近、中、远景之间的关系，增加画面空间感、层次感，并不断完善画面。

3.2.6 景观空间部分

1. 庭院景观上色步骤解析

步骤一　结合空间特点，确定空间时间性与植物季节性。

步骤二　选择植物固有颜色进行整体着色。

步骤三　明确近、中、远景关系，进一步刻画天空及水面颜色。

步骤四　强化空间，深入细节，添加环境色与整体空间的相互关系。

步骤五　突出画面视觉中心，完善画面中景，概括近景、远景，烘托环境氛围。

2. 居住区景观上色步骤解析

步骤一　刻画空间透视准确，深化细节。强调明暗关系与投影，构图饱满。

步骤二　运用互补色配色方法，将木质（橙色系）与天空水体（蓝色系）进行整体着色，注意颜色面积比重。

步骤三　进一步深化色彩关系，加强光影关系对比，丰富画面。

步骤四　刻画细节，将近景中材质纹理进行充分表现，突出中景内容，概括远景，进而增强画面空间感受。

3. 滨水公园上色步骤解析

步骤一　滨水景观上色表现的重点在于水的刻画，首先运用彩铅进行整体着色。

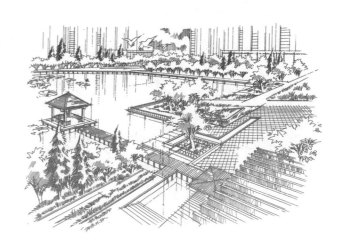

步骤二　绿色系的选择要与水的蓝色为临近色系，保证颜色为统一色调，这样在尊重实际空间的基础之上，可以有效体现其艺术性的表达。

步骤三　进一步深化画面光影关系，加强黑白灰关系对比。

步骤四　细致刻画材质，突出视觉中心，明确物体结构，最终完成画面。

4. 城市绿地上色步骤解析

步骤一 结合空间特点，把握主次、疏密、远近等画面关系。

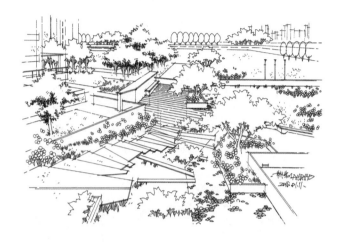

步骤四 画面视觉中心色温较高，向四周逐渐降低。做好画面取舍，突出主体。

步骤二 确定画面暖色基调，在颜色选择上做到协调统一，并进行整体着色。

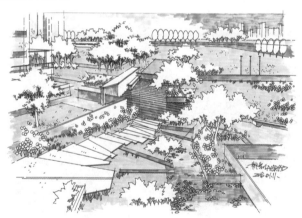

步骤五 深化细节，把握节奏，使画面层次丰富、灵活生动。

步骤三 逐步增加画面色彩，对应材质、光影关系进行深入刻画。

5. 规划景观上色步骤解析

步骤一 确定画面空间特点与整体关系，季节性为夏末初秋（暖色系列），时间性为黄昏时分（光影变化）。

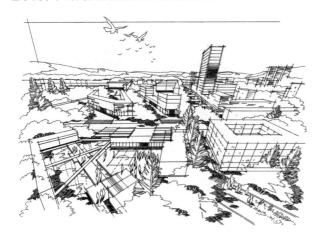

步骤四 选择暖绿色系进行植物着色，由近到远，由浅入深，将体积关系、结构关系交待明确，增强画面空间感受。

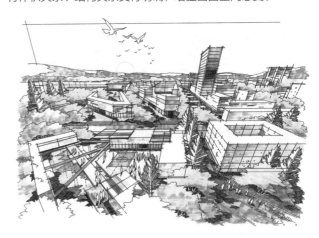

步骤二 建立光影关系，明确光源方向，将光影（黑白灰）部分合理着色于画面之中。

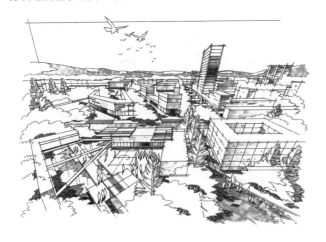

步骤五 后期深化画面，把握画面节奏感与秩序感，做好画面加减法，将空间场景艺术性地表达出来。

步骤三 逐步深化细节，重点刻画建筑立面玻璃材质，同时将黄昏场景环境色系表现于画面之中。

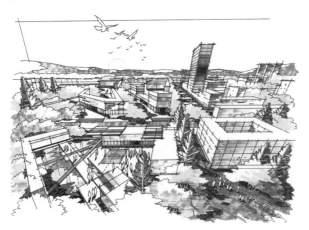

6.城市规划上色步骤解析

步骤一　结合效果图透视角度与特点，把握好空间中的近、中、远景。

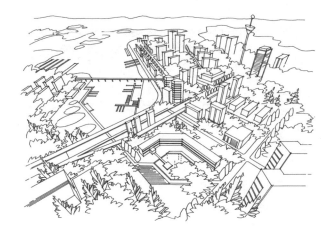

步骤二　选择画面主色调进行整体铺色，同时简单表达光影关系。

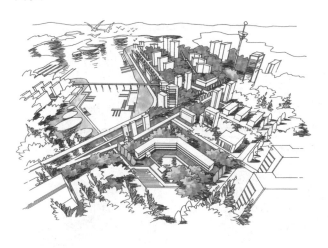

步骤三　由近到远、由中心到四周，色温由高到低、由暖到冷，逐步深化。

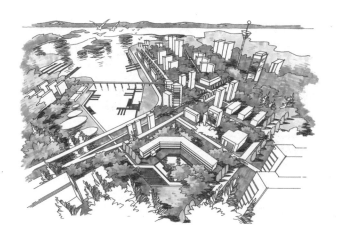

步骤四　深化细节，加强对比，完善画面，将水面倒影与投影关系深入刻画，将城市路网清晰体现。

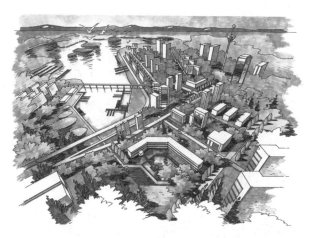

3.2.7　建筑空间部分

1.公共建筑上色步骤解析

步骤一　公共建筑构图两点透视较为常用，在上色前确定好光源方向、画面基调。

步骤二 运用暖灰色系刻画光影关系，地面阴影为画面黑色部分，立面投影为画面灰色部分，受光亮面为画面白色部分。

步骤三 将明度较高、纯度适中的主色系（橙色）整体贯穿于画面始终，做到协调统一。

步骤四 进一步深化细节，交待植物配景及天空水体的色彩，完善、丰富画面，最终完成作品。

2. 住宅建筑上色步骤解析

步骤一 住宅建筑构图视距较近，适合表现画面近景、中景部分材质、光影等细节。

步骤二 选择木质颜色（明度较高、纯度较低）进行整体画面着色，适当表达材质感受、渐变关系。

步骤三 选择冷灰色系（蓝色）进行中景、远景上色，与木质颜色（橙色）形成互补色关系，注意色彩面积比重。

步骤四 运用彩铅进行再次叠加上色，配合马克笔表现材质。突出光影关系，做到如影随形，将投影生动、形象地表现出来。

3. 山体别墅上色步骤解析

步骤一 山体别墅充分说明了建筑是生长在环境之中的，在确定好建筑本身的体块关系后，需要充分刻画周边环境（山石、植被等）。

步骤二　整体着色，把握好画面疏密关系、对比关系。在表达光影关系的基础上，将画面建筑主体衬托出来，形成韵律与节奏感。

步骤三　丰富画面，将建筑与山石、植物等部分进行细致刻画，同时做好取舍关系，突出主体。色彩搭配灰度较高，绘画意境体现得淋漓尽致。

4.别墅建筑上色步骤解析

步骤一　结合空间特点，把握画面疏密关系、远近关系，明确交待建筑结构与植物种类。

步骤二　确定光源方向，逐步刻画光影关系，由于马克笔自身特点，这一阶段主要刻画暗部与投影。

步骤三　进一步刻画建筑立面材质及植物固有颜色，把握好色团关系，使画面协调、统一。

步骤四　加强关系对比，细致刻画近景人物及收边植物，加深远景色彩，衬托中景，拉开空间。

步骤五　把握画面整体关系，完善画面。

5. 会所建筑上色步骤解析

步骤一　考虑好整体空间色彩关系，强调明暗关系与投影，构图饱满。

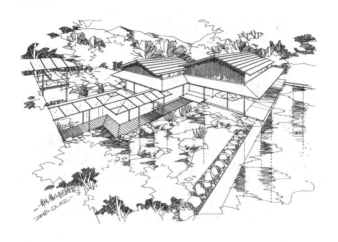

步骤二　选择建筑材质颜色及植物固有颜色，进行画面整体着色，明确光影关系。

步骤三　进一步加强细节刻画，丰富画面层次感受。

步骤四　上色过程中把握亮部变化丰富、暗部统一完整，同时充分表达环境色对于整体空间的效果影响。

6. 展示建筑上色步骤解析

步骤一　将设计好的空间勾勒出来，刻画时注意透视准确、细节到位。强调光影关系，构图完整。

步骤二　选择冷灰色系，对天空、地面及建筑暗部进行着色，保持颜色基调统一、光影关系明确。

步骤三　深入刻画建筑立面材质，暗部统一完整，笔触变化多应用于亮部。增强画面关系对比，突出视觉冲击效果。

步骤四　丰富画面，将近景人物、建筑结构、织物材质等细致刻画，概括中景、远景，增强画面张力及空间纵深感受。

4

手绘表现构成部分

◎ 陈设

◎ 家具

◎ 植物

◎ 山石和水

◎ 人物和飞鸟

手绘表现的构成部分包括室内空间中的陈设、家具、室内植物，景观建筑中的景观设施、植物、山水、人物、飞鸟等。它们除具备基础的实用功能外，还起到组织空间、丰富空间、营造环境、烘托氛围的作用。布置手绘构成部分时，应根据环境特点、功能需求、审美要求、工艺特点等，创作出有特色、有变化、有艺术感染力的手绘表现作品。

构成部分的训练是为了更好地表现空间而做准备，在练习过程中，通过对不同构成部分的理解、提炼，使空间内容表现丰富多彩，从而在充分理解的前提下予以取舍，并做出全局性的调整。

4.1 陈设

陈设是室内空间中的重要组成部分，其样式多种多样，内容丰富广泛，主要包括灯具、织物、装饰品、艺术品、日用品等。室内空间中陈设的布置与表现，能够起到增强空间内涵、烘托环境气氛、强化室内风格、调节丰富空间、反映个性特点、陶冶情趣情操等作用。

4.1.1 灯具

灯具的形态各异、造型多变，主要分为整体照明（吊灯、吸顶灯、泛光灯等）和局部照明（落地灯、壁灯、台灯、筒灯、射灯等），在光源颜色的选择上主要分为暖色光、中性光和冷色光等。

在灯具表现中注意观察形体的比例、对称、透视是否协调。灯具的对称性与灯罩的透视非常重要，需要准确把握。可以将其理解为简单的几何形体，把握结构关系与体积关系，在表现其样式的同时，将材质与光影部分进行细致刻画。

灯具上色主要分为两个部分，一部分是灯具自身的颜色、材质等，另一部分是光源的颜色及投射出来的光影关系。需要注意的是，光源颜色的不同使空间物体受光面、背光面及环境光源都有所不同，绘画时要做到光源统一、色彩协调、关系完整。

4.1.2 织物

织物有着柔软的特性，是室内空间中使用频率最高、应用面积最广的陈设之一。织物多姿多彩、活泼生动的面貌，体现出使用与装饰相统一的特征，发挥着丰富空间、拓展视觉的作用。

织物种类繁多，包括窗帘、床罩、靠垫、椅垫、沙发套、桌布、地毯、壁毯、吊毯等。

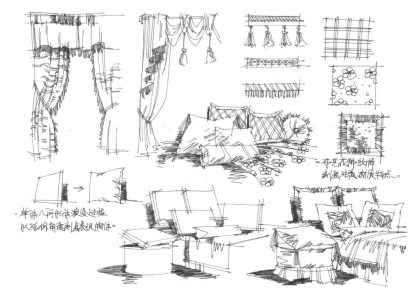

织物的特点主要为质地柔软、品种丰富、风格多样、装饰感强等。在手绘表现中充分刻画，使室内空间营造出温暖、亲切、和谐的视觉感受。

在勾勒线稿的过程中，注意线条的应用要连续、流畅、抑扬顿挫，表现其形体结构线条肯定，刻画其花饰纹样轻描淡写、疏密有序、表达完整。

在马克笔与彩铅上色过程中，注意织物的色彩搭配，画面风格统一、舒适、协调。在材质表现上注意其形体结构的转折与光影关系的体现，并注意相互之间的关系影响，将织物特点淋漓尽致地表达出来。

4.1.3 装饰品

装饰品指以观赏性为主的陈设物品，包括艺术品、工艺品、纪念品、观赏植物等。

装饰品在空间中体量较小，可以选择纯度相对较高的颜色进行着色，起到点缀空间、丰富画面的作用，同时装饰品内容丰富多样，可以为空间带来更多的趣味性。

4.2　家具

家具是室内空间中的重要组成部分，从生活居住到公共场所，都借助家具来演绎生活与开展活动。家具主要包括床、沙发、茶几、餐台、酒柜、书柜、衣柜、装饰柜等，按照功能角度主要分为人体家具、贮存家具、装饰家具等。它不仅是室内空间的重要组成，同时也能够反映出设计的品质在于空间中的细节。

家具的作用包括物质功能与精神功能。

物质功能：划分空间，组织空间，填补空间。

精神功能：陶冶审美情趣，反映风格特点，营造环境氛围。

4.2.1　人体家具

人体家具指与人发生密切关系的家具，包括支撑人体的沙发、床、椅，同时也包括与人的活动直接相关的桌、柜、茶几等。

　　明确物体几何体块关系，画出大概的比例关系，进一步刻
画物体的材质与细节，如柔软的床单与笔直的床架结构。

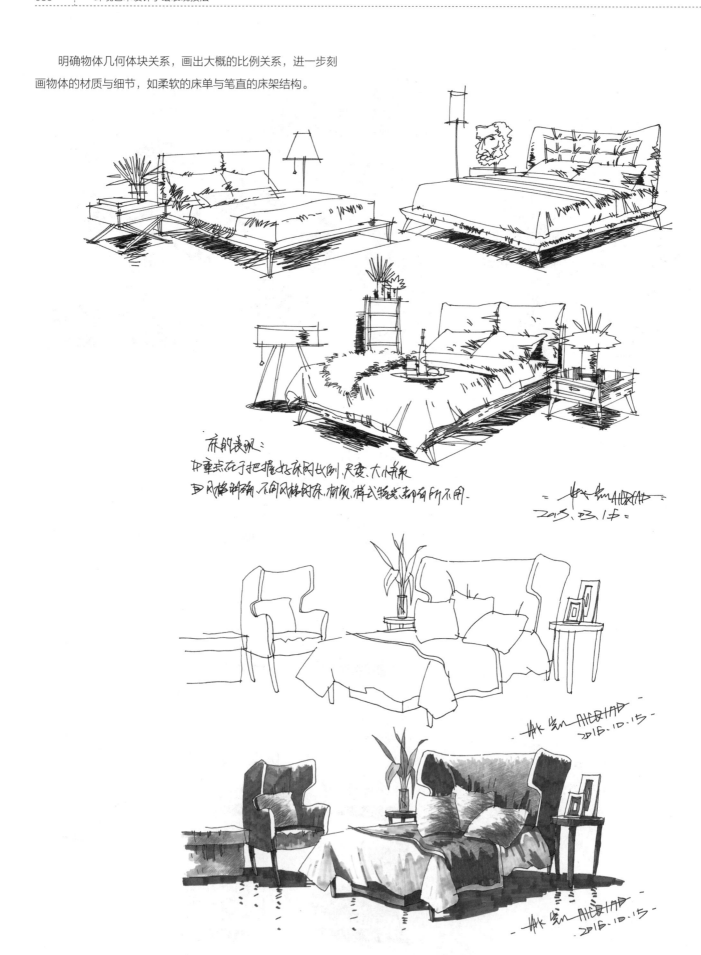

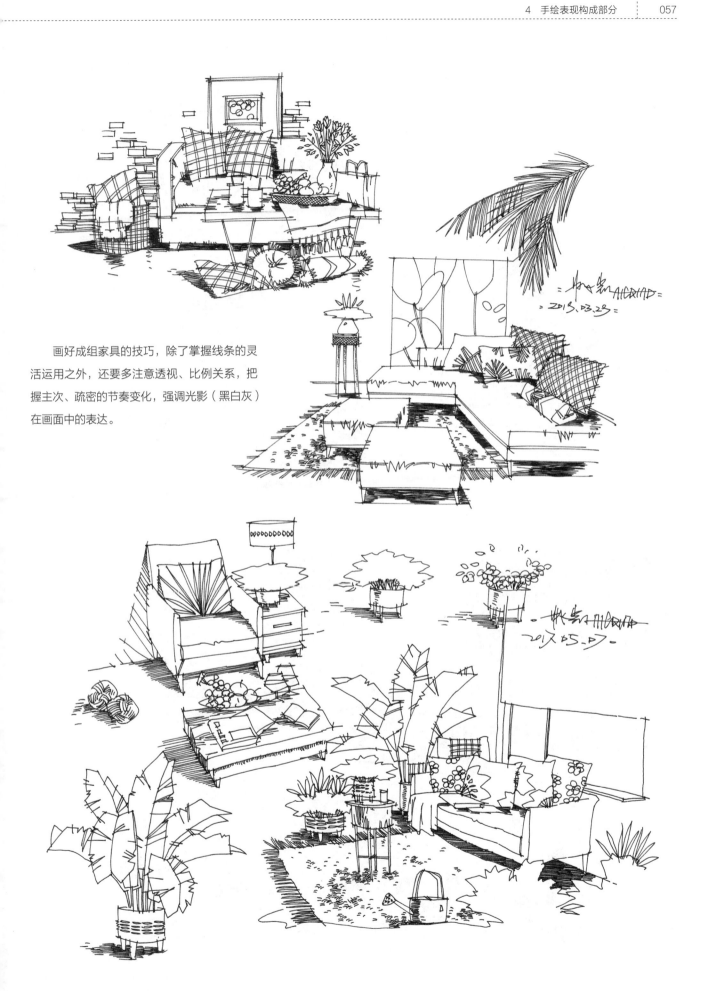

画好成组家具的技巧，除了掌握线条的灵
活运用之外，还要多注意透视、比例关系，把
握主次、疏密的节奏变化，强调光影（黑白灰）
在画面中的表达。

4.2.2 储存家具

储存家具指储存衣物、被褥、书刊、杂物等物品的柜、橱、箱、架等家具。

4.2.3 装饰家具

装饰家具指以美化空间、装饰空间为主要作用的家具，如装饰柜、茶几、屏风等。

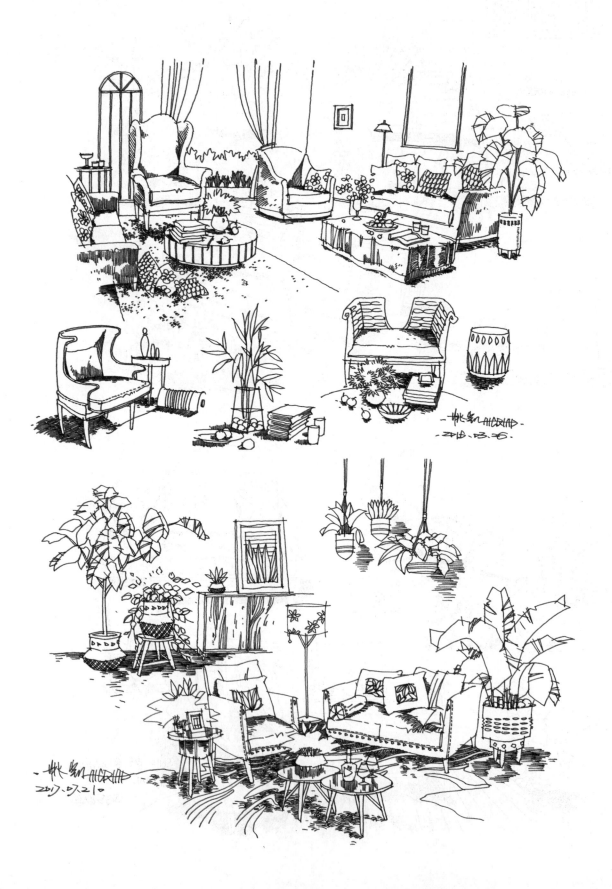

　　家具部分上色过程中，把握好颜色搭配与材质表现，可以充分体现其风格特点。注意马克笔与彩铅的搭配使用，能够塑造出不同的画面效果，利于表现不同的材质感受。

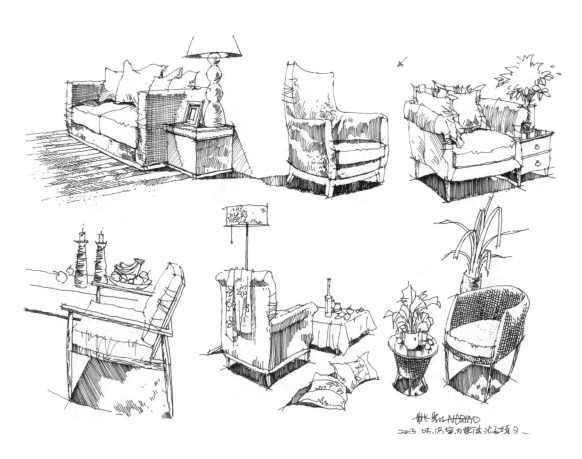

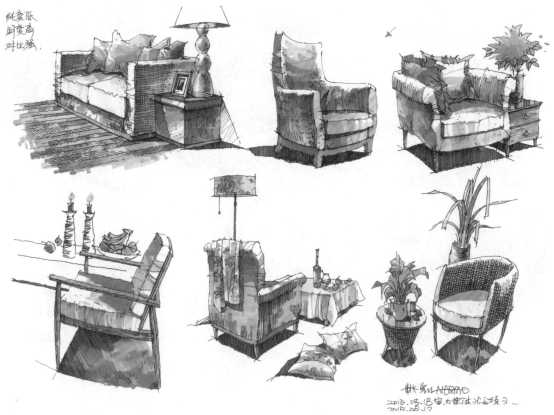

4.3 植物

4.3.1 室内植物

　　室内绿化也称为室内园艺，能够给室内空间带来生机蓬勃、生气盎然的环境氛围。其主要作用在于改善气候、美化环境、组织空间、陶冶性情等。室内植物多为盆栽的观赏性绿植，常见种类有绿萝、吊兰、棕竹、文竹、虎皮兰、常青藤等。在表现的过程中，注意运笔生动、自然、流畅，注重植物生长特点，充分表达其前后遮挡与穿插关系，把握大致节奏与方向。

　　树叶表现自然、飘逸，形态把握茂盛、丰满，叶片层次丰富、多变。

　　任何花卉都有聚散关系，要注意对比与疏密关系，以及花卉造型边缘形态的把握。

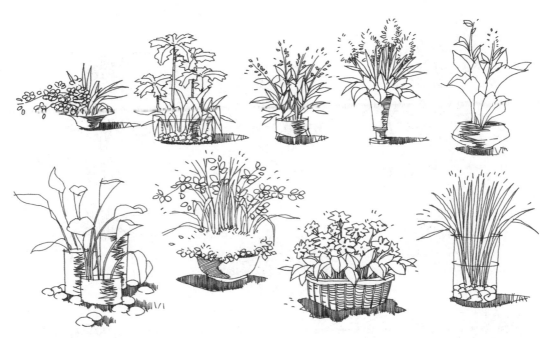

室内植物表现
① 画面中植物表达是我们需要班级表现处理的
② 注意植物本身的生长动态以及前后穿插关系

室内植物表现
① 画面中植物表达是我们需要班级表现处理的
② 注意植物本身的生长动态以及前后穿插关系

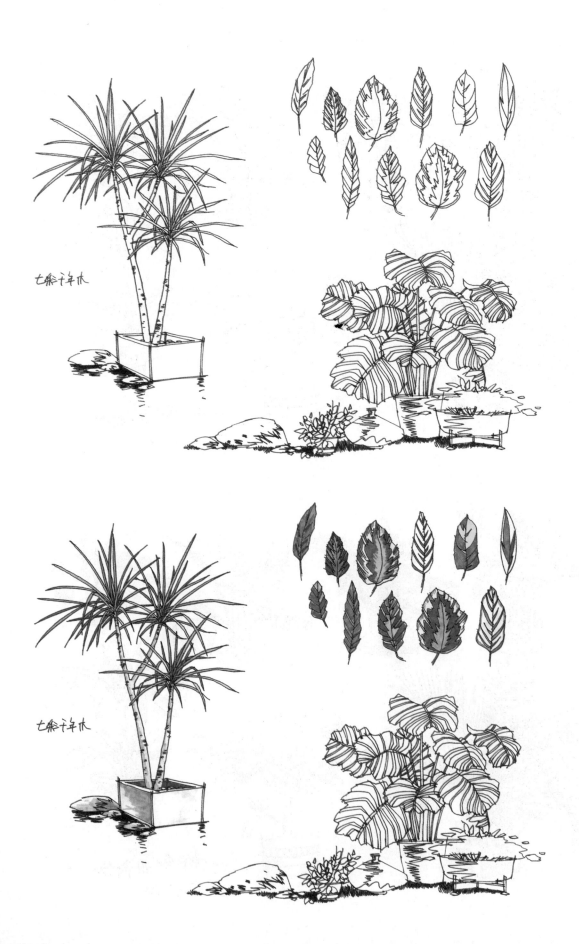

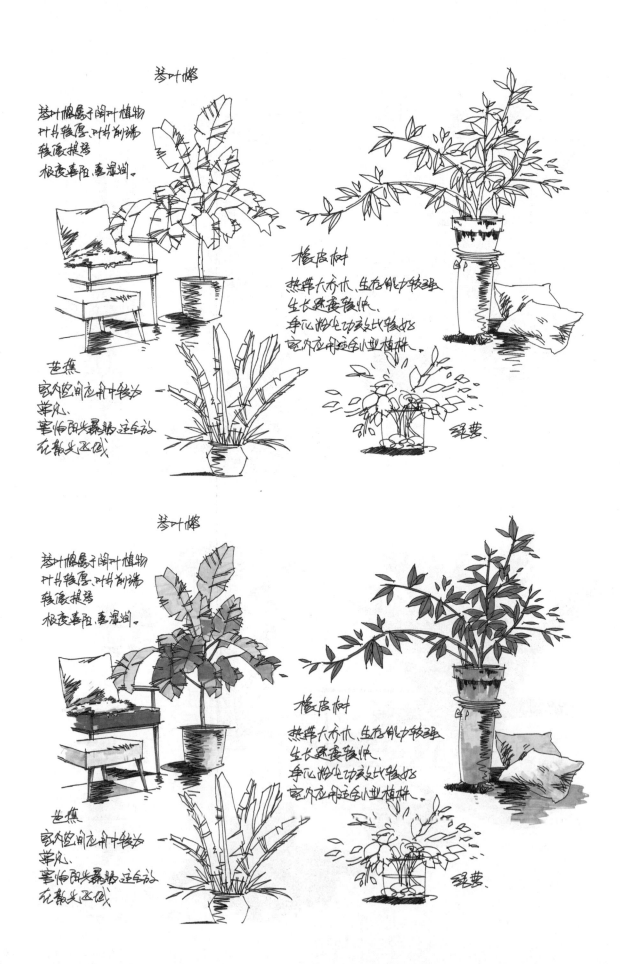

4.3.2 景观植物

植物作为景观园林中重要的配景元素，在空间设计中所占比例是非常大的，植物的表现是手绘效果图中不可缺少的组成部分。

景观园林中的植物千姿百态、各具特色，各种树木的枝、干、冠决定了各自的特征形态。学习过程中，首先要观察树木的形态特征、生长规律及各个部分之间的关系，然后进行概括与总结。只有熟练掌握不同植物的形态，才能够做到下笔有神。同时应该经常进行写生训练，锻炼对形体的概括掌握能力。

在景观园林设计中，应用较为广泛的植物包括乔木、灌木、草本等。每种植物的生长习性不同、造型各异。可以说植物表现的好坏对于画面的优劣有着直接的影响，所以需要进行重点练习。

灌木与乔木生长特征不同，植株相对较小，没有明显的主干，为丛生状态的树木。灌木一般可以分为观花、观果、观枝干等几种类型，属于木本植物。在绘画过程中，需要注意疏密虚实的变化，进行成组表现，塑造形态与体积关系。

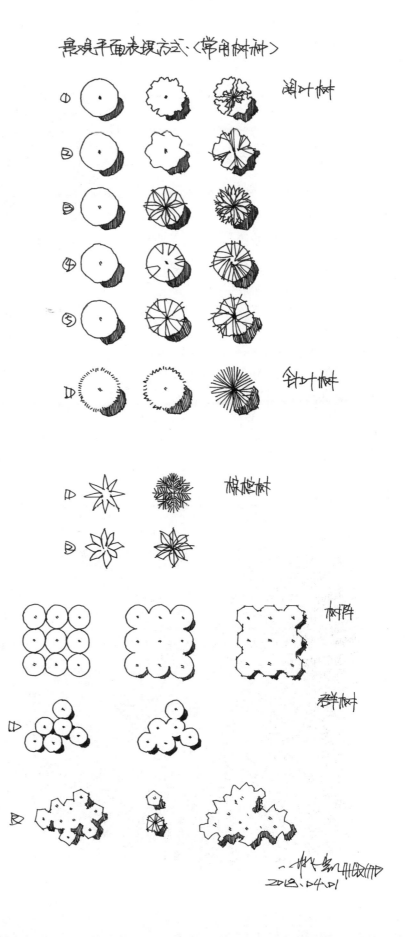

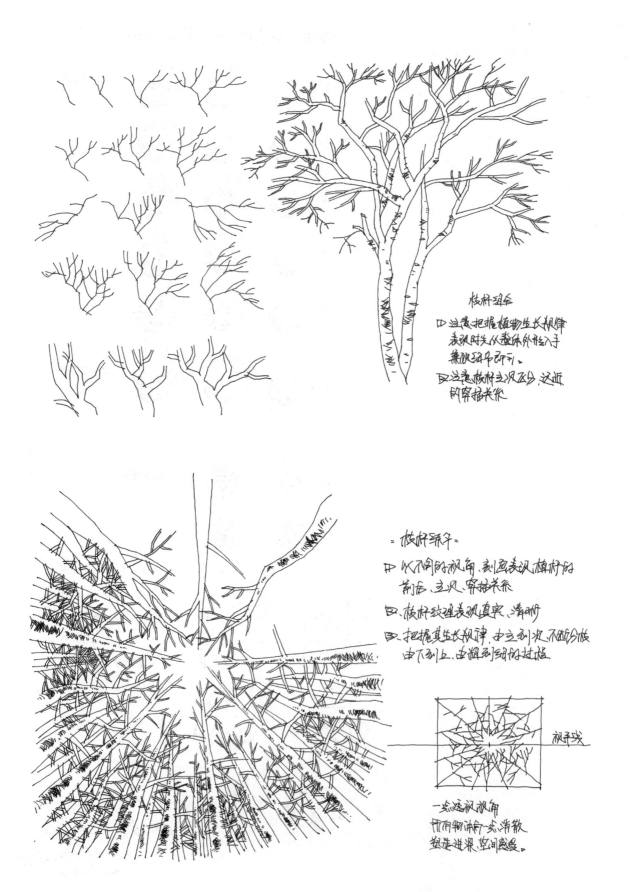

枝杆组合

① 注意把握植物生长规律，表现时先从整体外形入手，兼顾细节刻引。

② 注意枝杆主次区分，远近的穿插关系

二、枝杆练习

① 以不同的视角，刻画表现植杆的前后、主次、穿插关系

② 枝杆线进表现真实、清晰

③ 把握其生长规律，由主到次，不断分枝，由下到上，由粗到细的过程

视平线

一点透视视角所有物体向一点消散，越进越深，空间感强。

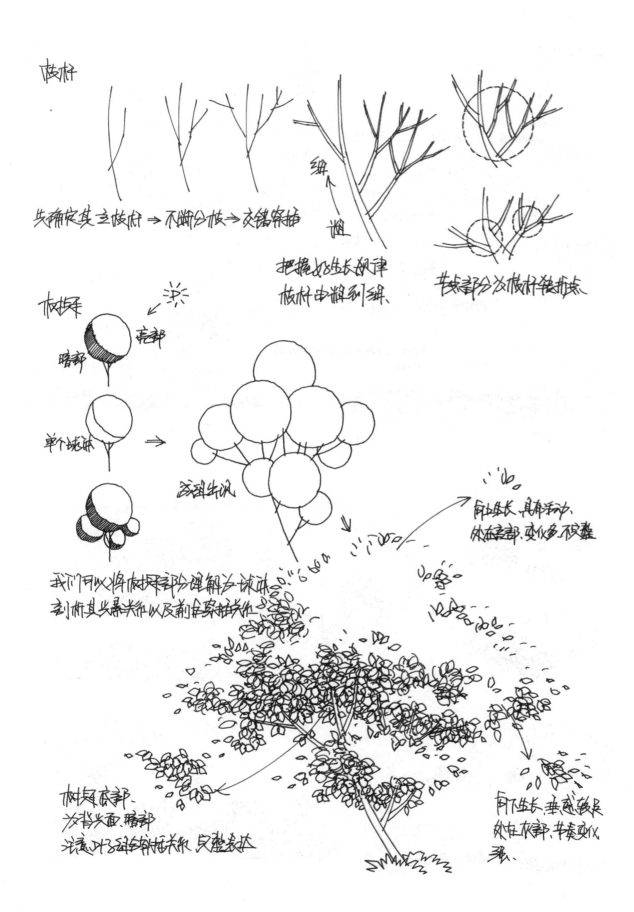

枝杆

先确定其主枝杆 ⇒ 不断分枝 ⇒ 交错穿插

把握好生长规律
枝杆由粗到细、

枝头部分为枝杆发枝态

树根层

暗部 亮部

单个球体 ⇒

试刻串规则

我们可以将树根部分理解为球体
刻画其光暴关系以及刷我穿插关系

向上生长、具有手动、
外在亮部、变化多、不受轰

树身底部、
为背光面、暗部
注意叶子3种结构关系,反差表现

向下生长、并成长叶、
外在阴部、节奏变化
张、

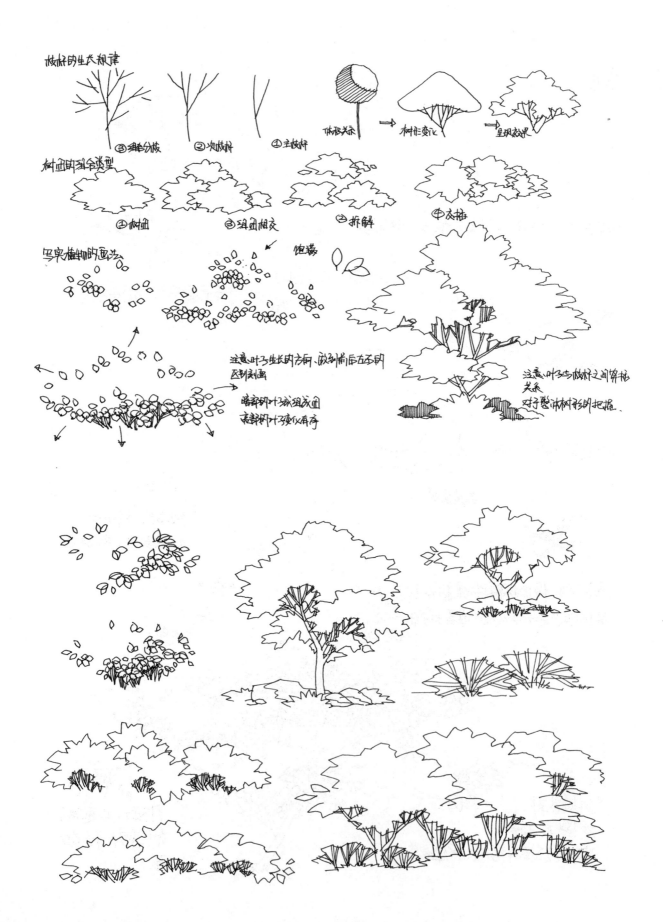

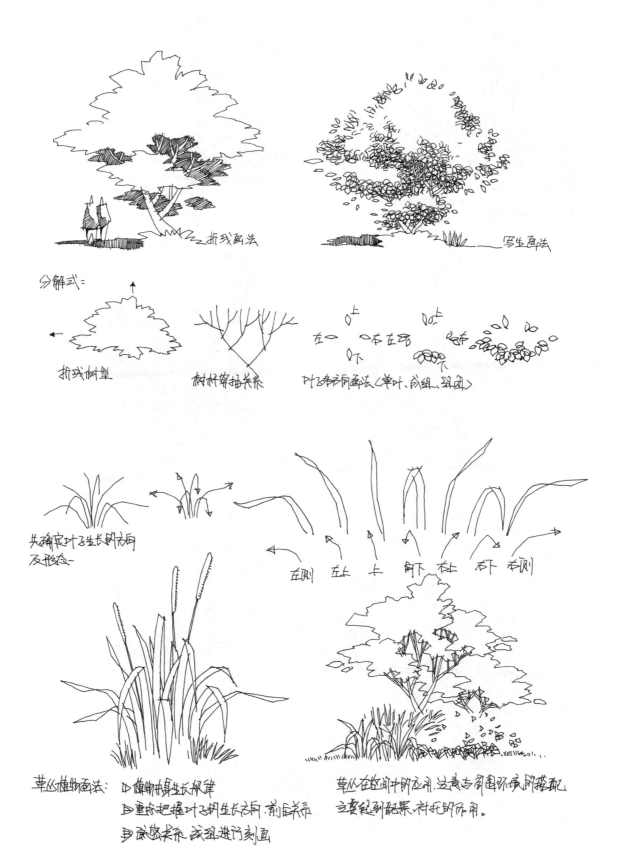

分解式：

折线树型　　　　　树枝穿插关系　　　叶子各种画法〈单叶、成组、球团〉

先确定叶子生长的方向
及形态——　　　　　　　　　　　　　　右侧　左上　上　向下　往上　右侧

草丛植物画法：① 植物由其生长规律
　　　　　　② 重点把握叶子的生长方向，前后关系
　　　　　　③ 远近疏密关系，成组进行刻画

草丛在园林中的应用，注意与周围环境的搭配
主要起到对景、衬托的作用。

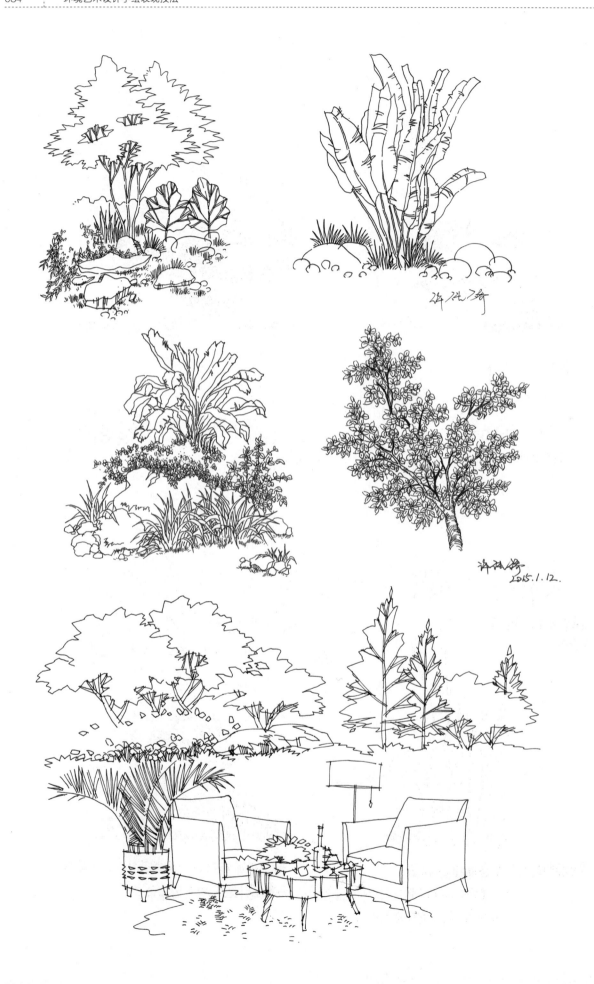

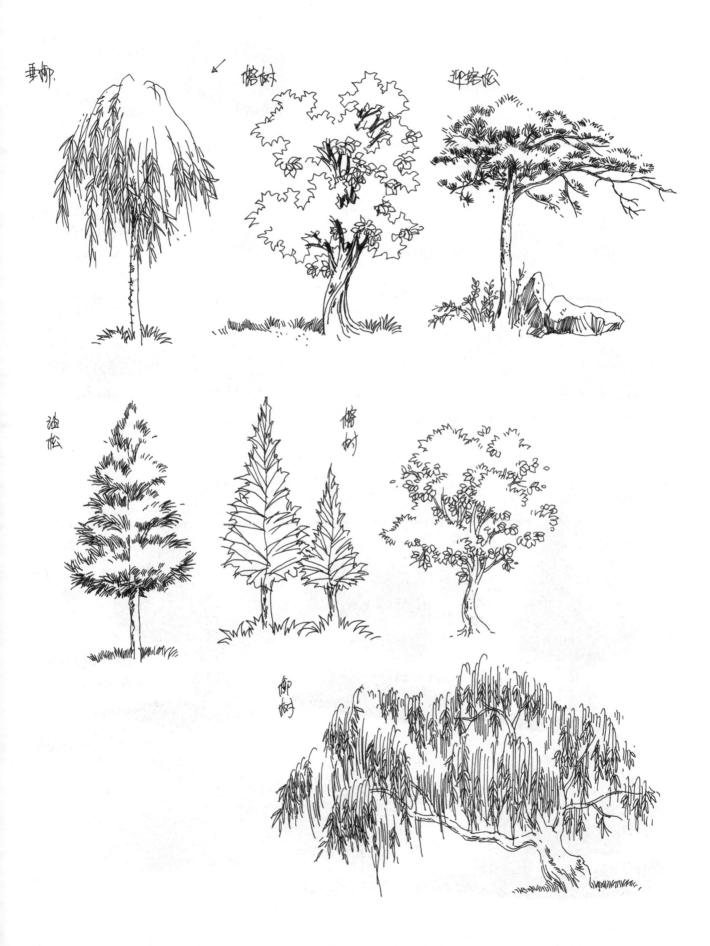

植物着色过程中，需要注意植物本身固有颜色的选择，以及光影关系、体积关系的表达。在马克笔运笔时，需要按照植物生长结构，笔触随植物的变化、穿插而变化，注重节奏性与方向性的表达。

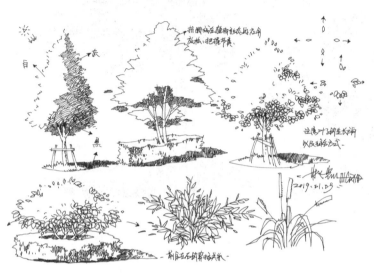

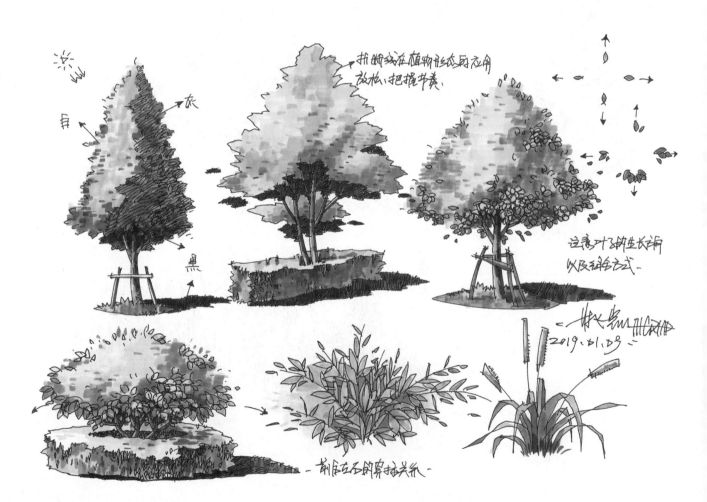

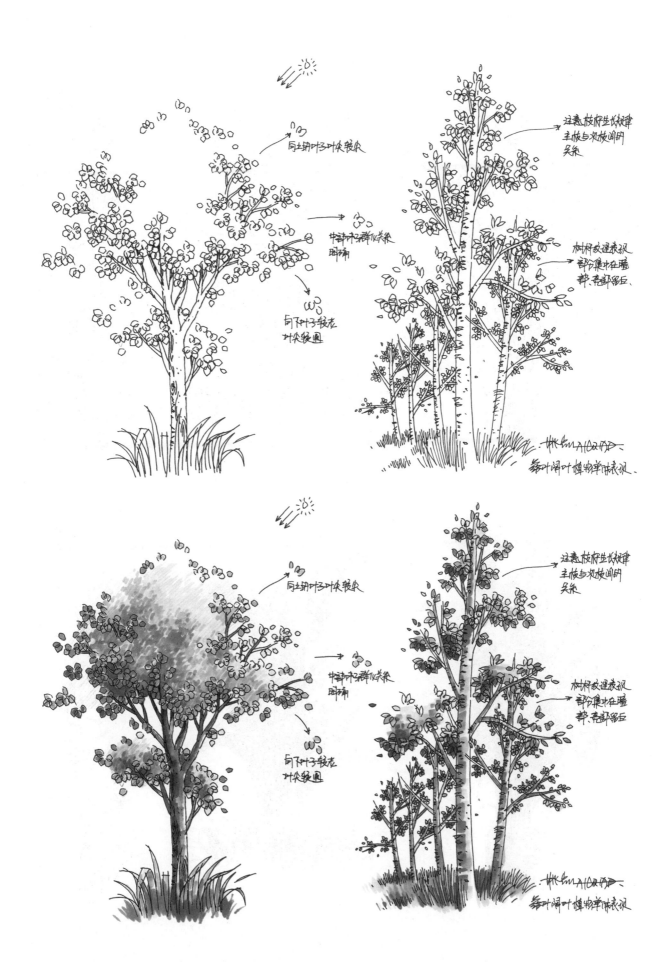

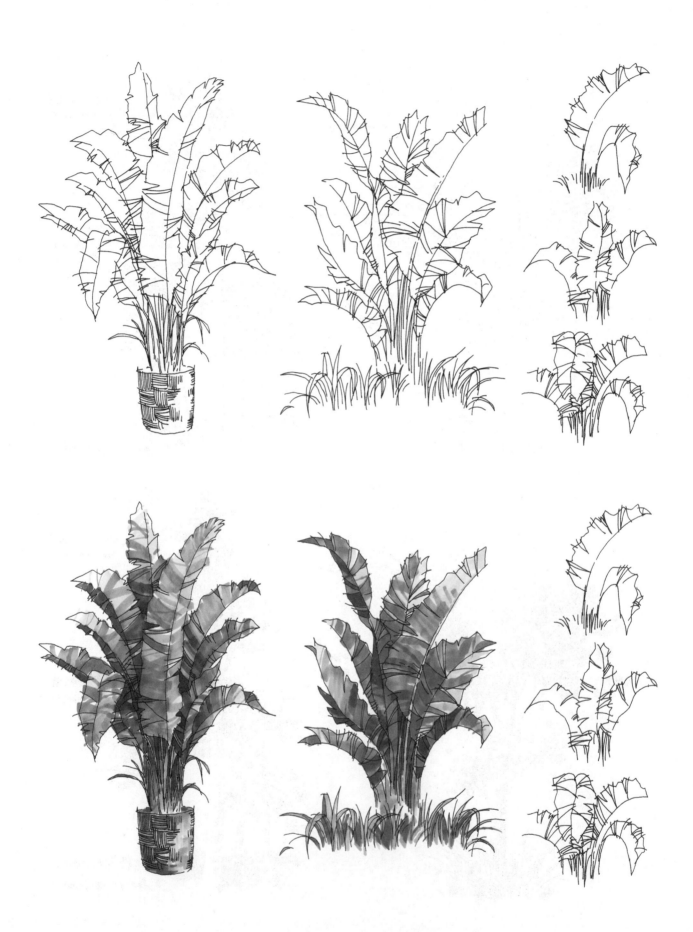

　　棕榈科植物的叶片多为聚生茎顶，形成独特的树冠。根据植物生长形态将棕榈基本骨架勾勒出来，根据骨架的形态填充叶片。在刻画过程中需要注意由近到远、由中心到两边的遮挡与穿插关系，同时注意树冠与枝干之间的比例关系。

　　椰子树是棕榈科椰属的一种大型植物，茎干粗壮直立，高达 30m 左右。结合椰子树生长规律与特点，纵向高度的刻画较为关键，同时在表现过程中，其较大的植物轮廓及边缘的处理也要生动灵活，不可呆板，应充分表现出迎风摆动、灵活优美的生动姿态。

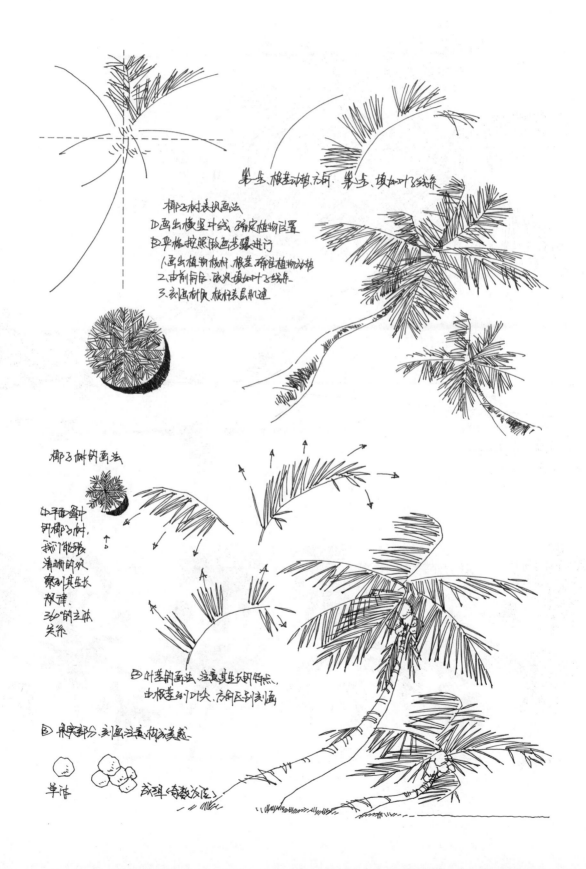

4.4 山石和水

4.4.1 山石

山石在建筑、景观当中应用较为广泛，在室内空间中多以小品的形式出现。

将山石以几何形体的形式进行概括，也就是常常讲到的石分三面（亮、灰、暗面）。石头的表面转折较为明显，大体可以分为两种，一种是光滑、曲面的转折，一种是明朗、坚硬的转折。在刻画时有所不同，需区别对待。

在勾勒线稿时，运笔要抑扬顿挫、有轻有重，排线方式多种多样、变化丰富，使画面富有节奏感、层次感。在光影关系的处理上加强对比，黑白灰关系区分明确。

（1）景观石。在场景中起到美化环境的作用，石材自身具有一定的艺术观赏性，常用于广场、公园、凉亭周边等。

（2）奇石。天然形成的形状不一般的石头，主要体现在外观、颜色、造型及纹路上，既有观赏性，又有收藏性。

（3）太湖石。又称假山石、窟窿石，因产于太湖地区而得名，有水石、干石之分。

（4）鹅卵石。因形状似鹅卵而得名，数量较多，一般成组、成群出现于画面中。

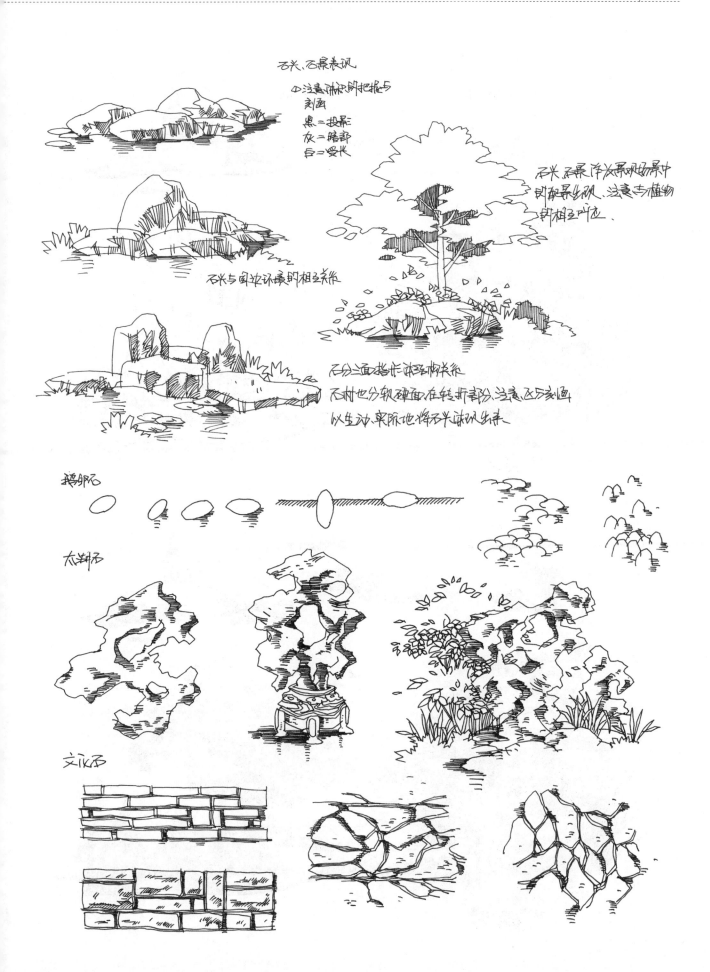

4.4.2 水

水景一般多出现于景观园林空间中，多与植物搭配来表现画面，建筑和室内也会稍有涉及。水景可分为自然水景和人造水景。自然水景多用于表现自然景观、河流等，人造水景多用于表现室内、广场等。

在绘制水景之前一定要了解水的特性：无色、清澈、透明。这就说明要把水画得生动自然，必须要在投影和反射上下足功夫，结合周围的环境去突出水的特性，利用线条去表现物体之间黑白灰的关系。

4.4.2.1 自然水景

（1）动态的水。表现动态的水时一定要让线条"动"起来，注意水自身的运行状态，通过线条去把握和调节。线条的多而密既可以表现水流比较湍急，也可以表现水中的阴影和倒影；线条的少而疏则表现远景的水和水流比较舒缓。

（2）静态的水。表现静态的水时可使用直线去突出平静的水面，通过线的形态去引导画面。

4.4.2.2 人造水景

（1）叠水。指水分层或呈现台阶状连续流出的运行方式，产生形式不同，水流量不同。在表现过程中，需要分析水的流量和流速情况，掌握其中的疏密关系。

（2）涌泉。指水从下向上冒出，高度偏低。表现过程中需要突出"涌"这个字，涌泉的高点需要刻画出由一点向四周绽开的水流形式。

（3）喷泉。指由地下喷射出地面的泉水，可以通过人工技术喷射各种优美的水姿，是一种重要的景观，属于水景艺术。喷泉在绘制过程中需要使用快线去突出出水的速度。

在以上水种的绘制中需注意处于空中的水与静面的水接触时的水花及波纹的处理，接触点为中心区，线条比较多，水纹较大，用线弯曲程度较大；相反，随着水纹往外扩散，逐渐变缓，用线较少，水纹弯曲程度较小。

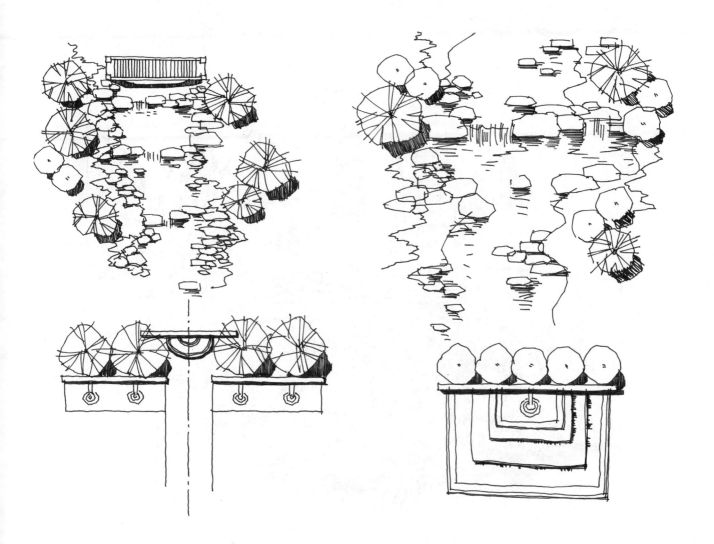

叠水

喷泉

涌泉

静水

叠水

喷泉

涌泉

静水

4.5 人物和飞鸟

4.5.1 人物

人物的表现是手绘效果图中的重要组成部分，人物作为配景在画面中出现，能够增强空间的流动效果，具有较强的导向作用。人的动势、体态、群体也能够体现出空间自身的属性与特点。近、中、远景的分别刻画，能够有效拉开空间，增强空间的纵深感受。同时，人物的表现与处理能够充分体现绘画功底，增加画面艺术感染力。

人物配景表现解析：

（1）把握人物形象特征、年龄阶段、服装的不同款式和色彩。

（2）近景人物注意形体比例，表情神态适当刻画，体态动势丰富多样。

（3）中景人物注意成组关系，三五成群，行为动势能够体现画面动态。

（4）远景人物简单概括，多以剪影的形式出现，数量较多。

（5）设定人物故事情节，结合空间特点，使画面灵活丰富，增强趣味性。

近景人物刻画较为丰富，选择艳丽的色彩进行着色，能够起到点缀空间、搭配空间的作用。

4.5.2　飞鸟

飞鸟作为天空中的配景，在景观、建筑中应用较为广泛。由于其体量较小且成组出现，因此表现形式以剪影为主。

飞鸟配景表现解析：

（1）明确近、中、远景关系，拉开空间，增强画面张力。

（2）把握飞鸟动势及飞行方向，增强画面导入感、纵深感。

（3）飞鸟数量呈奇数出现为宜，且以 Z 形或 S 形进行排列。

5

手绘表现空间设计

◎ 室内空间手绘表现

◎ 景观空间手绘表现

◎ 建筑空间手绘表现

在手绘空间表现中，构图、透视、比例、光影、材质、色彩、造型等关系都囊括与画面之中，逻辑关系紧密，相辅相成，相互影响。

手绘塑造的空间离不开设计者的艺术底蕴。这种修养来自于长时间的绘画积累，只有积累从量变过渡到质变，才能从精神层面认识艺术。艺术无形中成为一种精神介质为我们所用，并通过它来塑造出我们所能想到的任何空间形式。艺术化的空间设计观念打破了传统的设计规则，使设计者可以创新性打造出一个潜在的视觉空间效果。随着人们对环境和空间品味意识的增强，空间的需求越来越需要用审美的角度去衡量，而不再是程式化的。设计师们通过手绘可以快速表现出自己的想法，并用艺术的眼光去塑造空间。艺术氛围的创造无疑对提升空间的艺术价值、拓宽空间设计的发展具有重大意义。

环境艺术设计的专业方向，主要分为室内设计、景观园林设计和建筑设计。

5.1 室内空间手绘表现

5.1.1 居住空间

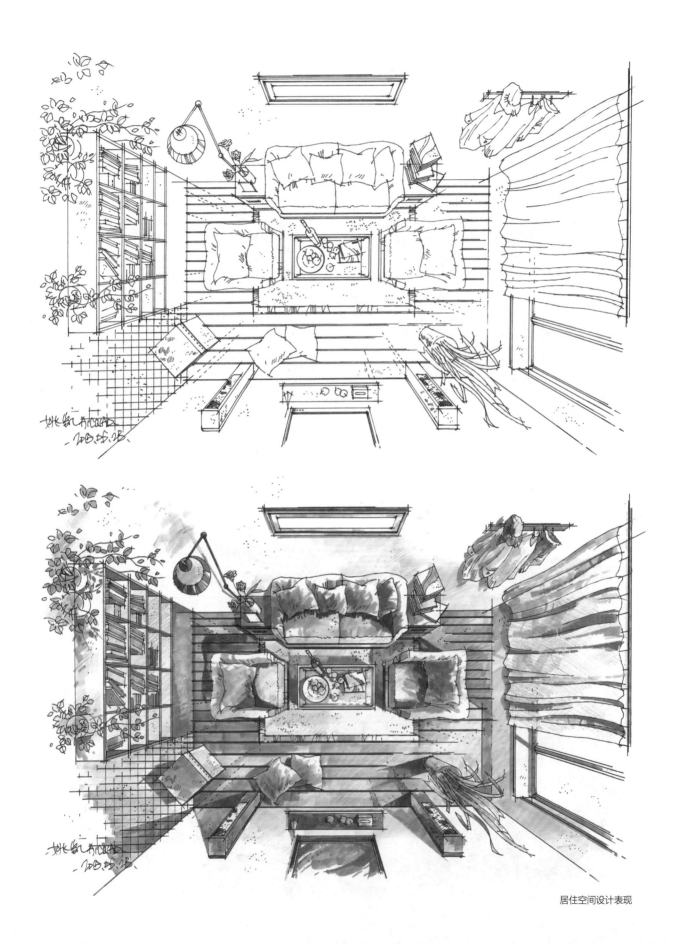

中式风格空间设计表现

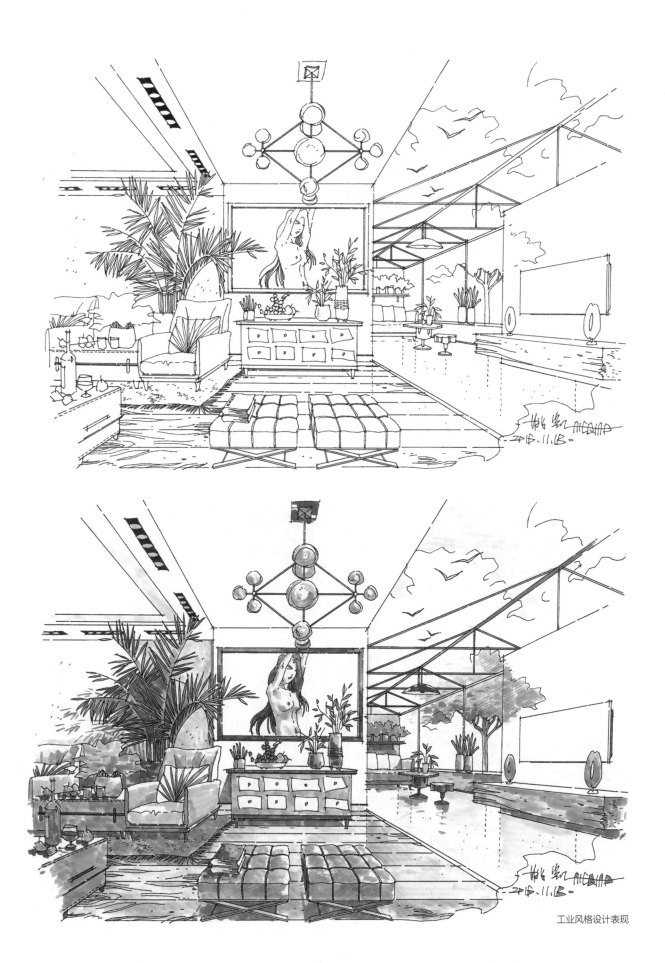

工业风格设计表现

LOFT 空间设计表现

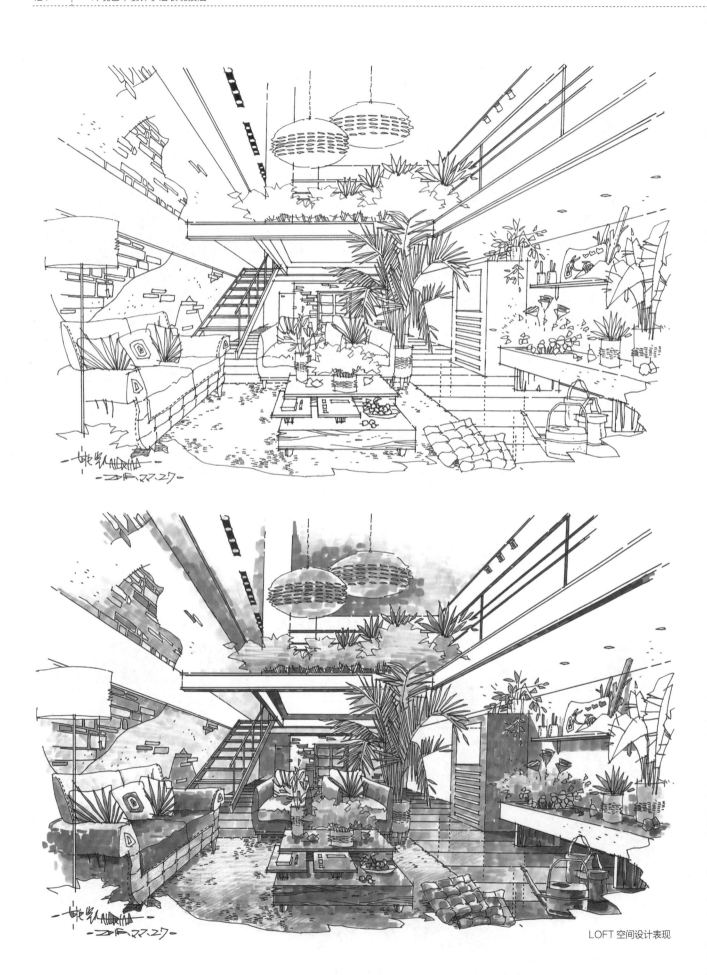

LOFT 空间设计表现

5.1.2 商业空间

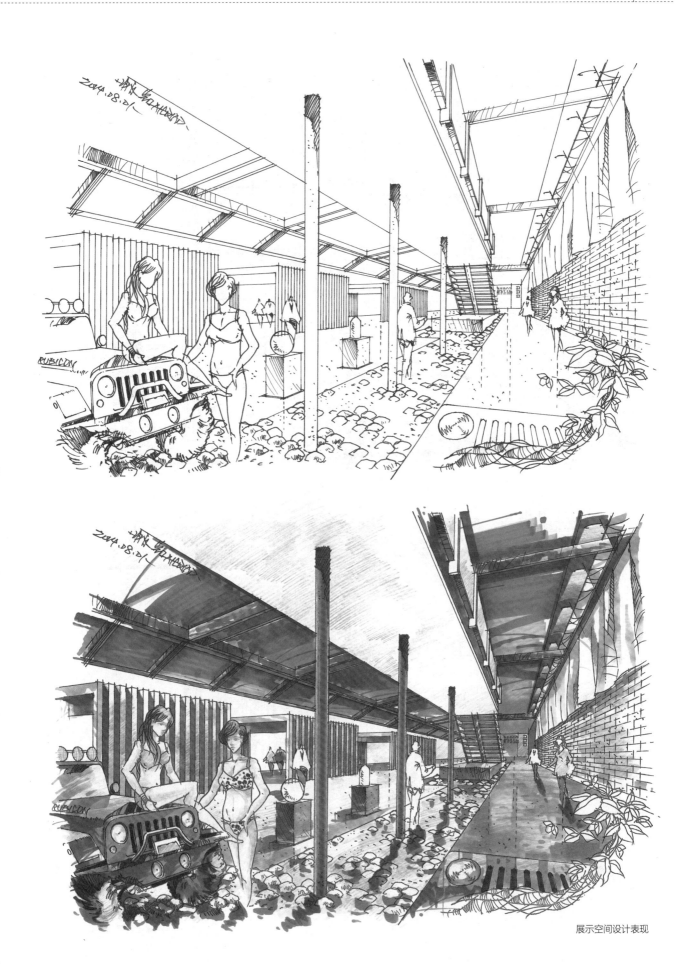

展示空间设计表现

餐饮空间设计表现

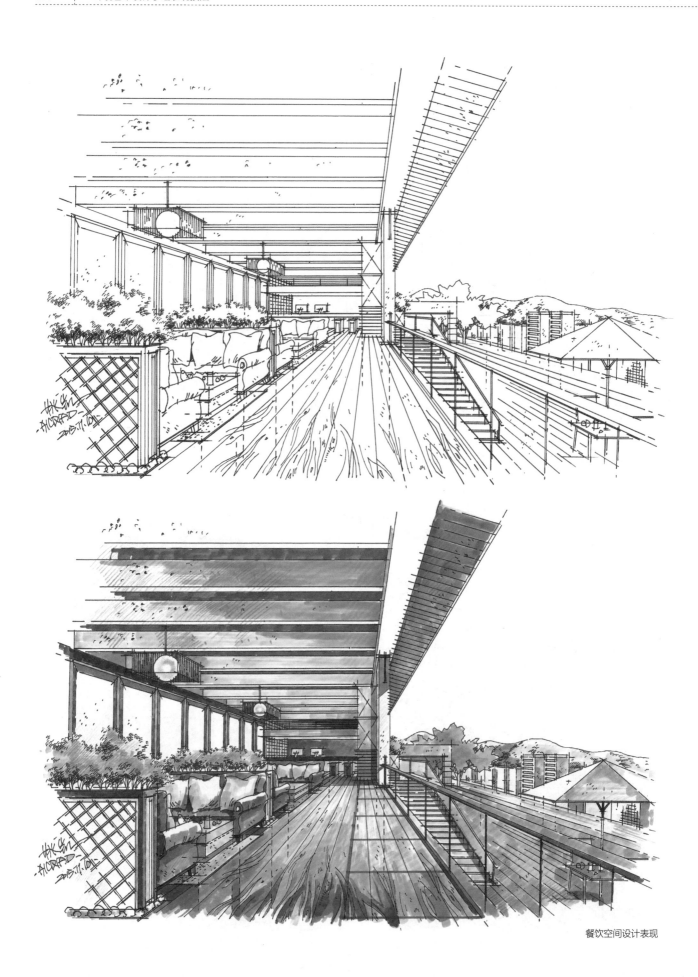

会所空间设计表现

书吧空间设计表现

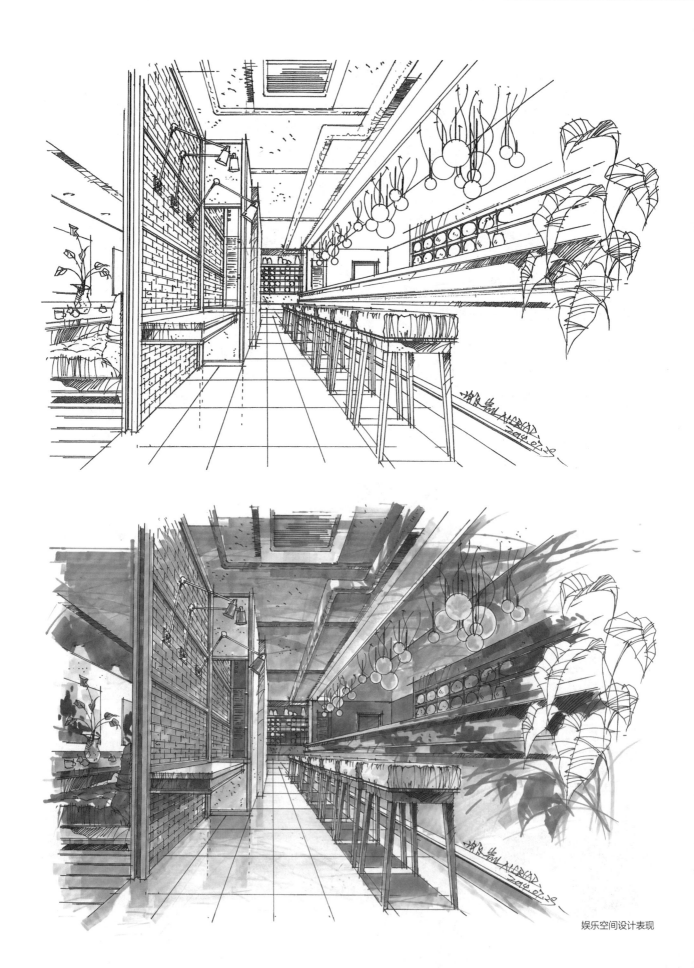

5.1.3 公共空间

展示空间设计表现

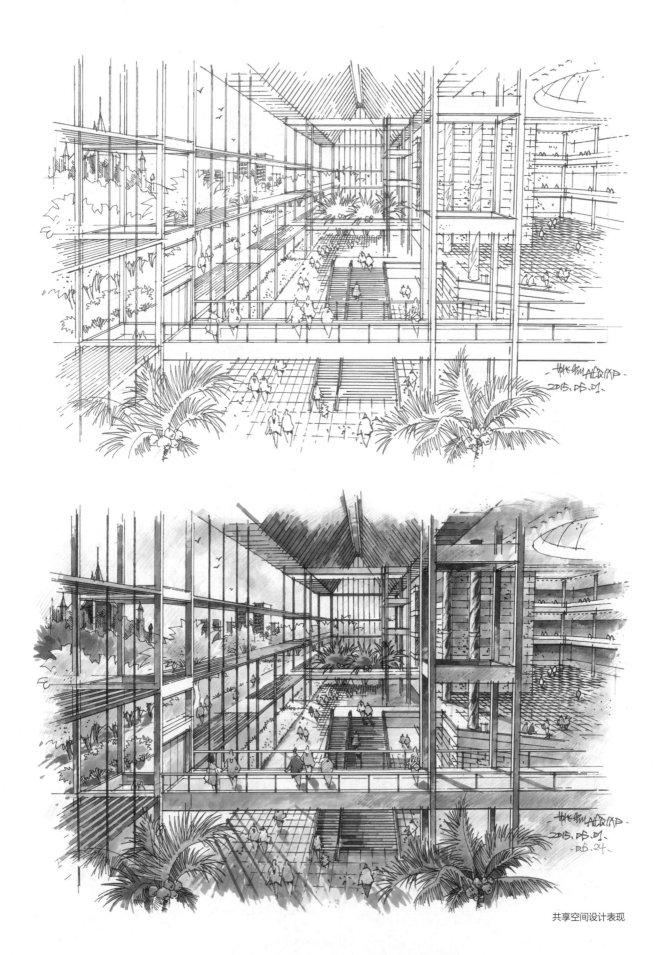

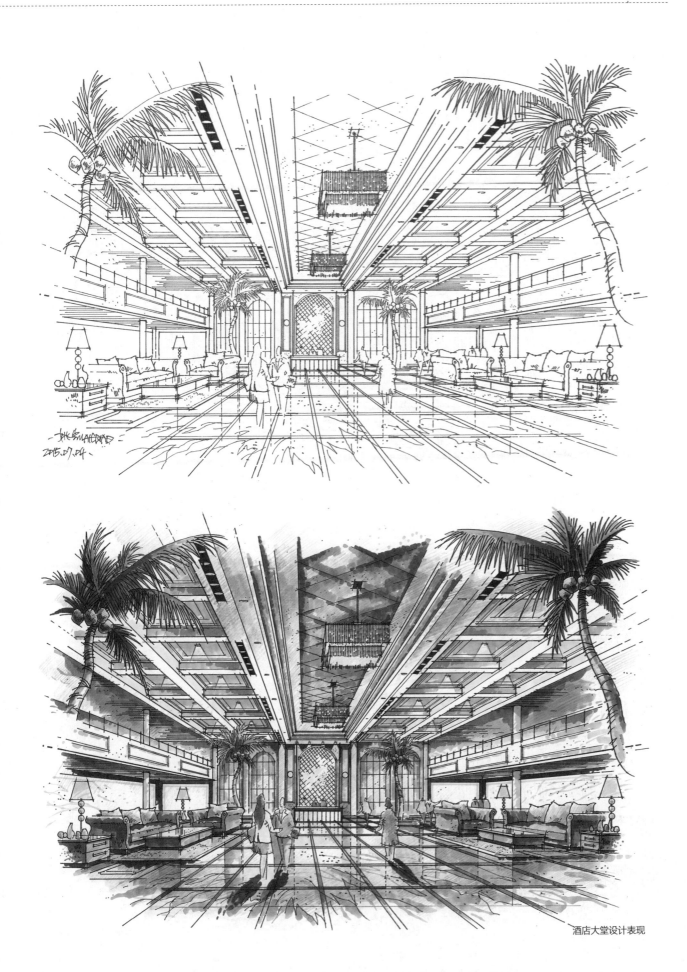

酒店大堂设计表现

公共空间设计表现

5.2 景观空间手绘表现

5.2.1 庭院景观

庭院景观设计表现

居住区景观设计表现

花园景观设计表现

民宿景观设计表现

5.2.2 公园景观

商业街道设计表现

主题乐园设计表现

主题乐园设计表现

校园广场设计表现

公园景观设计表现

公园景观设计表现

5.2.3 规划景观

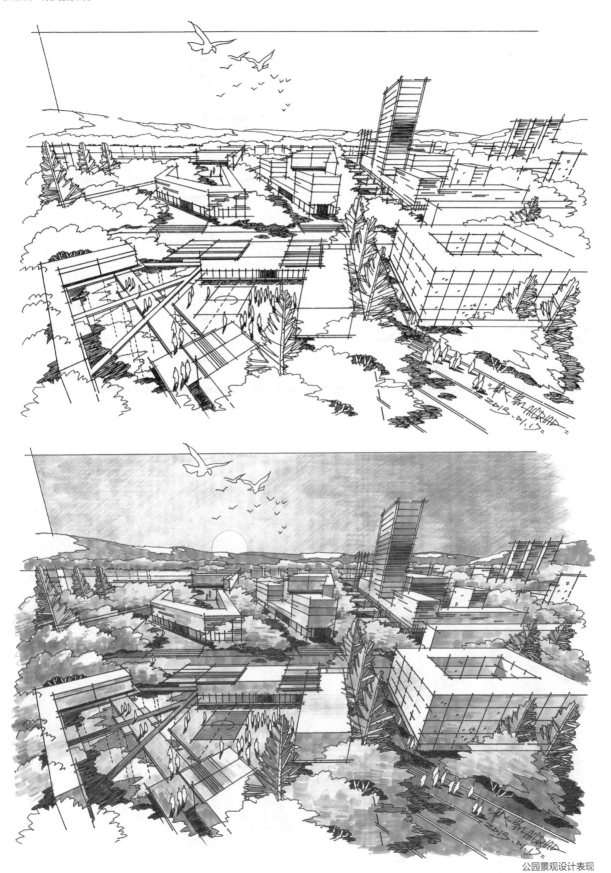

公园景观设计表现

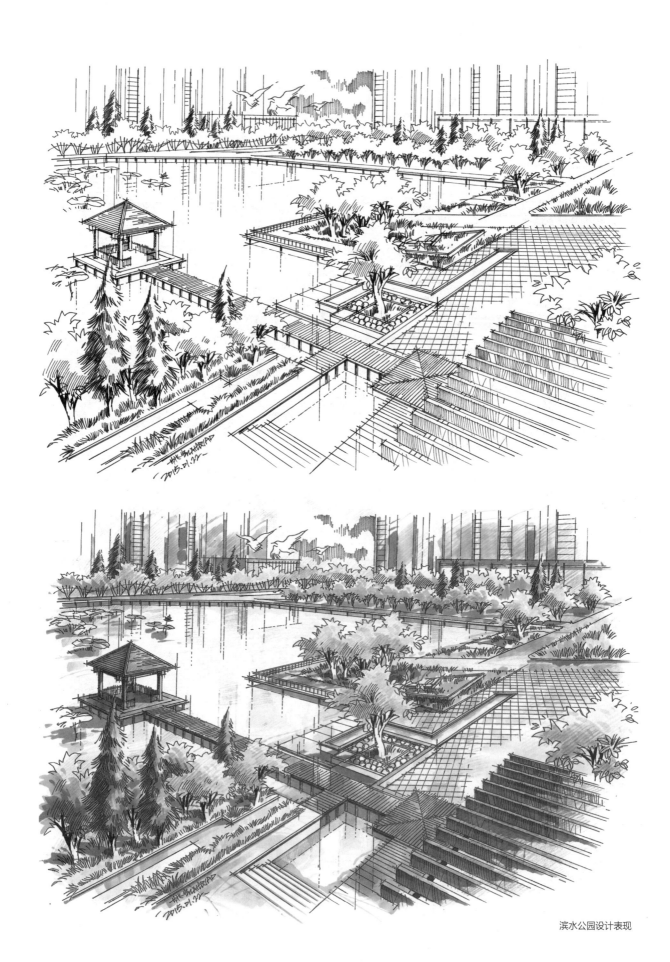

滨水公园设计表现

中心景观设计表现

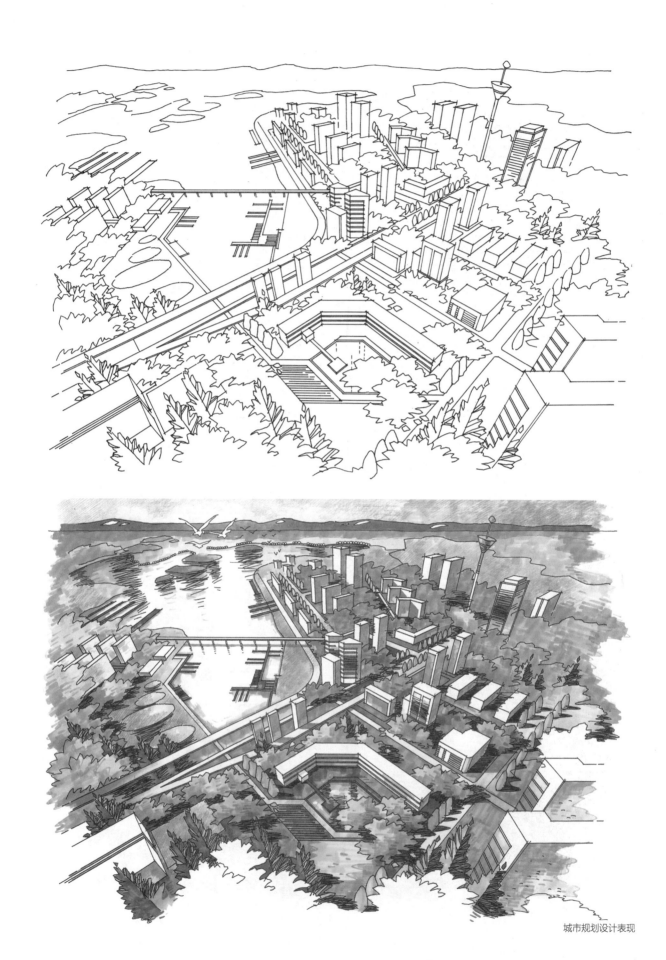

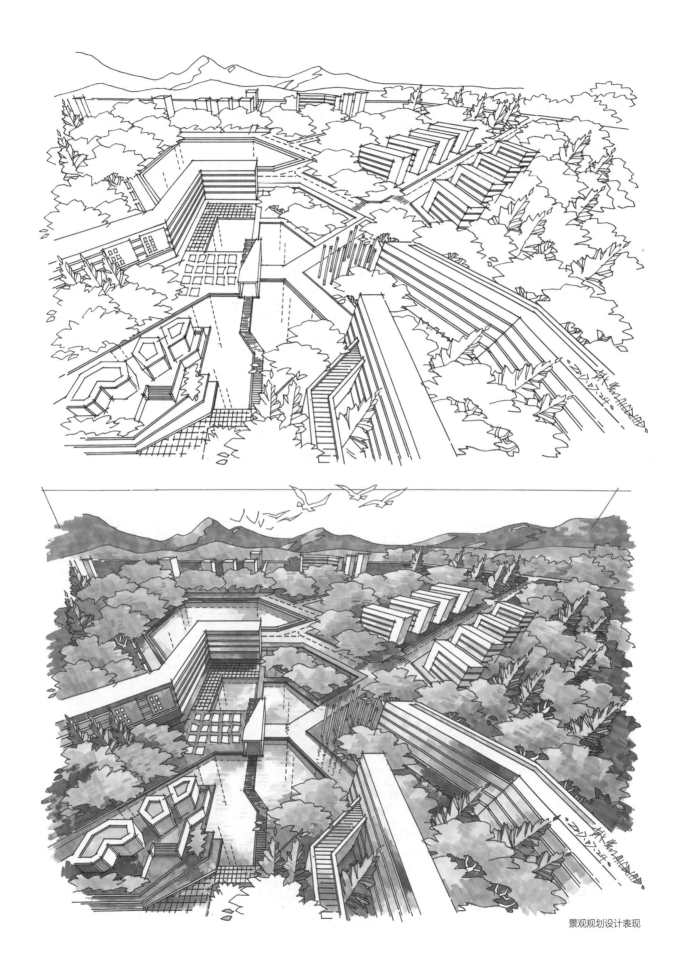

景观规划设计表现

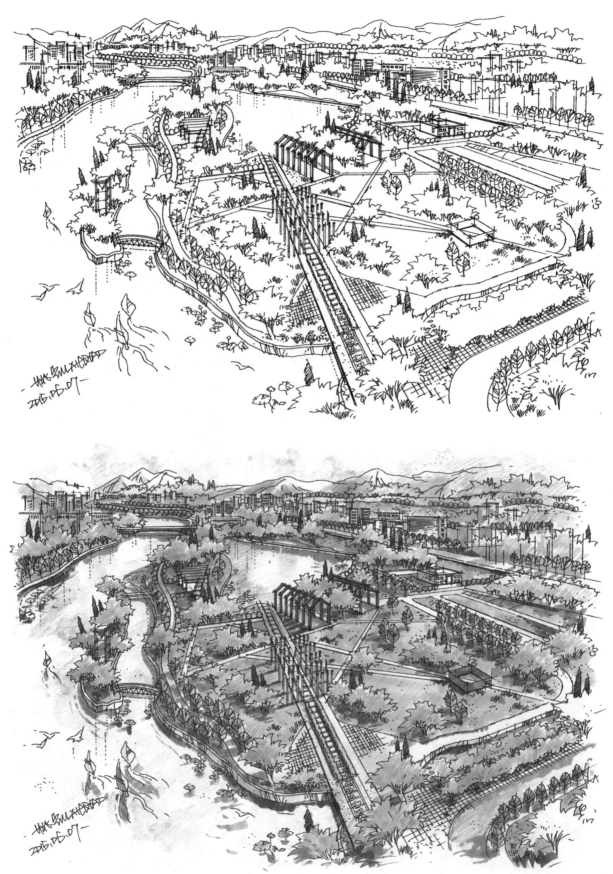

公园绿地设计表现

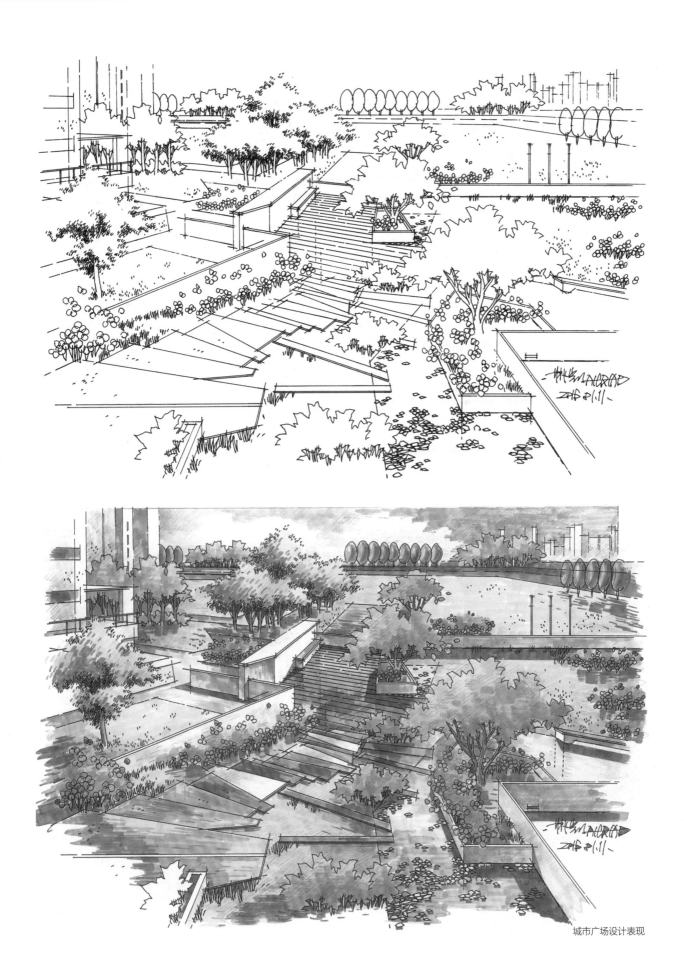

城市广场设计表现

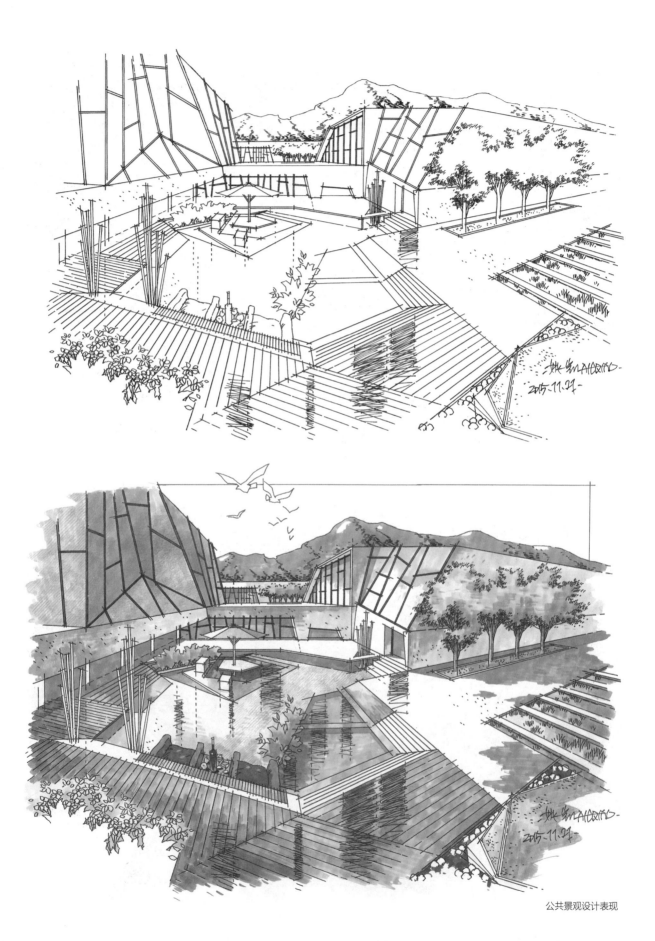

5.3　建筑空间手绘表现

5.3.1　住宅建筑

山体别墅设计表现

玛利亚别墅设计表现

流水别墅设计表现

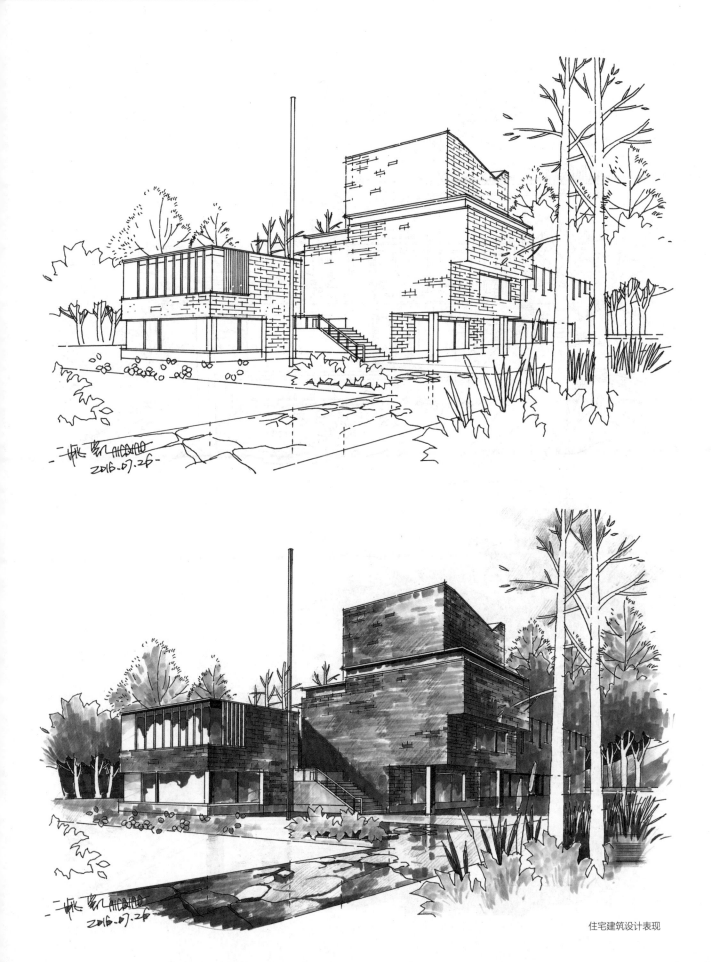

山体别墅设计表现

民宿建筑设计表现

别墅建筑设计表现

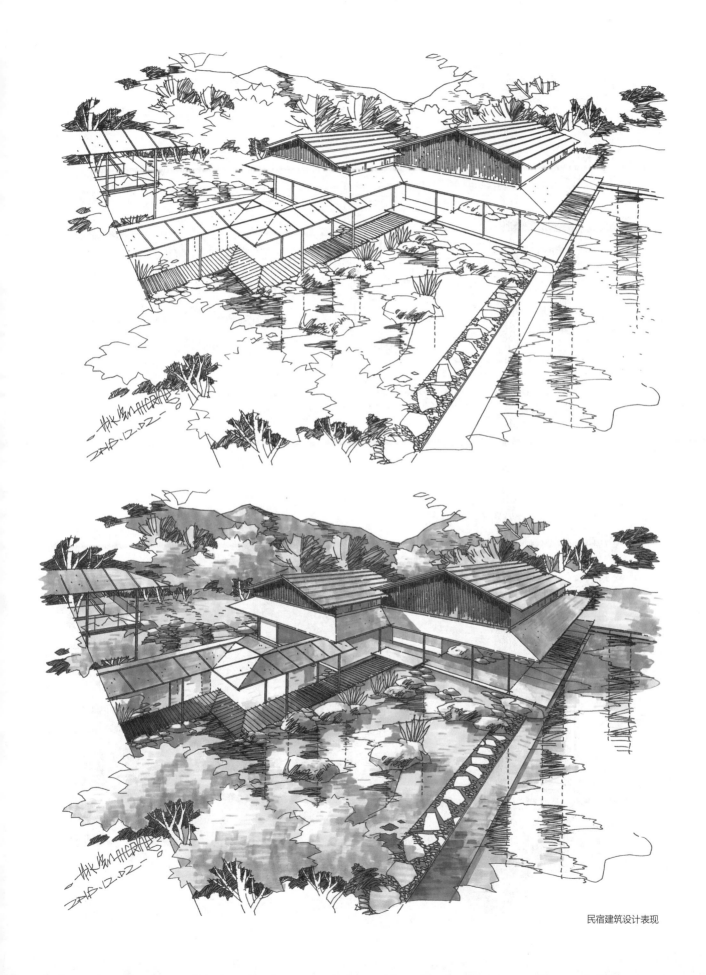

民宿建筑设计表现

住宅建筑设计表现

民宿建筑设计表现

民宿建筑设计表现

5.3.2 公共建筑

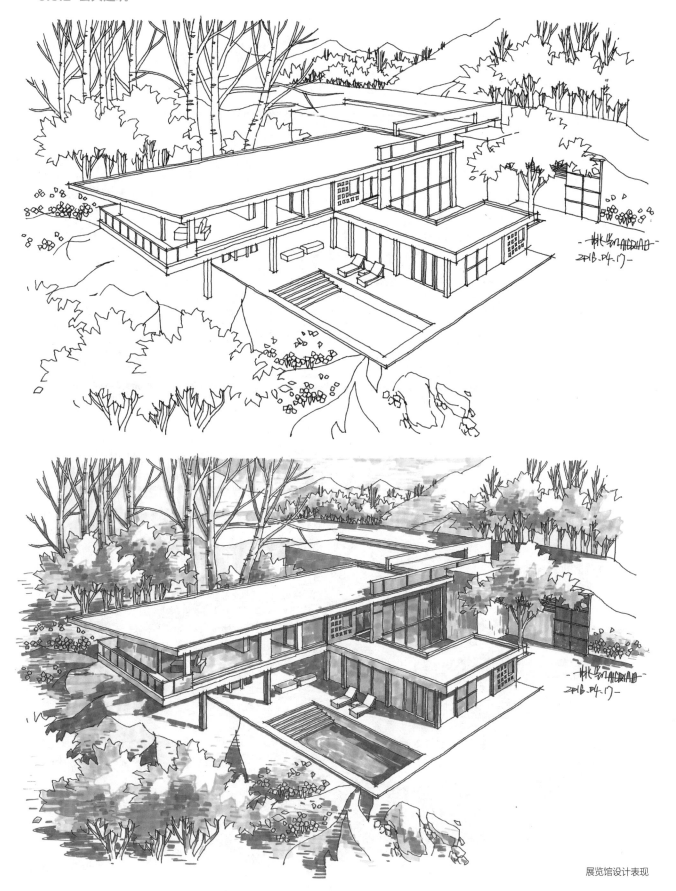

展览馆设计表现

展馆建筑设计表现

图书馆设计表现

公共建筑设计表现

娱乐中心设计表现

图书馆设计表现

会展中心设计表现

科研建筑设计表现

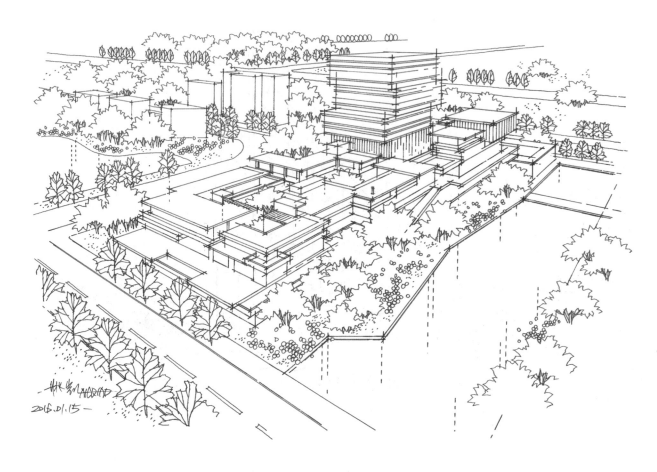

商业建筑设计表现